少年网络素养读本·第1辑  罗以澄 万亚伟 主编

地球村与低头族

DIQIUCUN YU DITOUZU

詹绪武 著

宁波出版社
NINGBO PUBLISHING HOUSE

《青少年网络素养读本·第1辑》编委会名单

总　序

互联网技术的快速发展和广泛运用为我们搭建了一个丰富多彩的网络世界,并深刻改变了现实社会。当今,网络媒介如空气一般存在于我们周围,不仅影响和左右着人们的思维方式与社会习性,还影响和左右着人际关系的建构与维护。作为一出生就与网络媒介有着亲密接触的一代,青少年自然是网络化生活的主体。中国互联网络信息中心发布的第40次《中国互联网络发展状况统计报告》显示,我国网民以10—39岁的群体为主,他们占整体网民的72.1%,其中,10—19岁占19.4%,20—29岁的网民占比最高,达29.7%。可以说,青少年是网络媒介最主要的使用者和消费者,也是最易受网络媒介影响的群体。

人类社会的发展离不开一代又一代新技术的创造,而人类又时常为这些新技术及其衍生物所控制,乃至奴役。如果不能正确对待和科学使用这些新技术及其衍生物,势必受其负面影响,产生不良后果。尤其是青少年,受年龄、阅历和认知能力、判断能力等方面局限,若得不到有效的指导和引导,容易在新技术及其衍生物面前迷失自我,迷失前行的方向。君不见,在传播技术加速迭代的趋势下,海量信息的传播环境中,一些青少年识别不了信息传播中的真与假、美与丑、善与恶,以致是非观念模糊、道德意识下降,甚至抵御不住淫秽、色情、暴力内容的诱惑。君不见,在充满魔幻色彩的网络世界里,一些青少年沉溺于虚拟空间而离群索居,以致心理素质脆弱、人际情感疏远、社会责任缺失;还有一些青少年患上了“网络成瘾症”,“低头族”“鼠标手”成为其代名词。

2016 年 4 月 19 日,习近平总书记在网络安全和信息化工作座谈会上指出:“网络空间是亿万民众共同的精神家园。网络空间天朗气清、生态良好,符合人民利益。网络空间乌烟瘴气、生态恶化,不符合人民利益…… 我们要本着对社会负责、对人民负责的态度,依法加强网络空间治理,加强网络内容建设,做强网上正面宣传,培育积极健康、向上向善的网络文化,用社会主义核心价值观和人类优秀文明成果滋养人心、滋养社会,做到正能量充沛、主旋律高昂,为广大网民特别是青少年营造一个风清气正的网络空间。”网络空间的“风清气正”,一方面依赖政府和社会的共同努力,另一方面离不开广大网民特别是青少年的网络媒介素养的提升。“少年智则国智,少年强则国强。”青少年代表着国家的未来和民族的希望,其智识生活构成要素之一的网络媒介素养,不仅是当下各界人士普遍关注的一个显性话题,也是中国社会发展中急需探寻并破解的一个重大课题。

网络媒介素养既包括对媒介信息的理解能力、批判能力,又包括对网络媒介的正确认知与合理使用的能力。为此,我们组织编写了这套《青少年网络素养读本》,第一辑包含由六个不同主题构成的六本书,分别是《网络谣言与真相》《虚拟社会与角色扮演》《网络游戏与网络沉迷》《黑客与网络安全》《互联网与未来媒体》《地球村与低头族》,旨在帮助青少年读者看清网络媒介的不同面相,从而正确理解和使用网络媒介及其信息。为适合青少年读者的阅读习惯,每本书的篇幅为 15 万字左右,解读了大量案例,并配有精美的图片和漫画,以使阅读与思考变得生动、有趣。

这套丛书是集体才智的结晶。编写者分别来自武汉大学、郑州大学、湖南科技大学、广西师范学院、东莞理工学院等高等院校,六位主笔都是具有博士学位的教授、副教授,有着多年的教学与科研经验;其中几位还曾是媒介的领军人物,有着丰富的媒介工作经验。编写过程中,他们秉持知识性、趣味性、启发性、开放性的原则,不仅带领各自的学生反复谋划、研讨话题,一道收集资料、撰写文本,还多次深入社会实践,倾听青少年的呼声与诉求,调动青少年一起来分析自己接触与使用网络的行为,一起来寻找网络化生存的限度与边界。因此,从这个层面上说,这套丛书也是他们与青少年共同完成的。还需要指出的是,六位主笔的孩子均处在青少年时期,与大多数家长一样,他们对如何引导自己的孩子成为一个文明的、负责任的网民,有过困惑,有过忧虑,有过观察,有过思考。这次,他们又深入交流、切磋,他们的生活经验成为本丛书编写过程中的另一面镜子。

作为这套丛书的主编之一,我向辛勤付出的各位主笔及参与者致以敬意。同时,也向中共宁波市委宣传部和宁波出版社的领导、向这套丛书的责任编辑表达由衷的感谢。正是由于他们的鼎力支持与悉心指导、帮助,这套丛书才得以迅速地与诸位见面。青少年网络媒介素养教育任重而道远,我期待着,这套丛书能够给广大青少年以及关心青少年成长的人们带来有益的思考与启迪,让我们为提升青少年的网络媒介素养共同出谋划策,为青少年的健康成长共同营造良好氛围。

是为序。

罗以澄

2017 年 10 月于武汉大学珞珈山

目　录

第二章 魅力与魔力:万众低头的镜像

第三章 爱与痛:低头族的A面和B面

第四章 抬头与仰望:低头族的主体性回归

第一章

「云」与「端」：地球村遭遇低头族

主题导航

1. 网络时代的地球村
2. 智能化时代的低头族
3. 地球村中低头族的「端」生活

你听说过“快乐魅族”“手机控”“屏奴”“低头族”吗？移动互联网时代，此类名词层出不穷。但是，它们都指向一个共同点：低头、低头，还是低头。在家里，在办公场所，我们低头看手机；在车上，在路上，我们低头看手机；在桌边，在床上，在厕所，我们低头看手机。有时间，我们要看手机；没有时间，我们挤出时间看手机。

今天，通过手机，我们可以做与生活、生产、学习、娱乐相关的一切事。通过手机，“天涯若比邻”的体验已不再新鲜，我们随时随地在掌上运行世界。在全球化、智能化、移动化时代，手机成为每个人的标配，成为人的生命表征。手机的不断迭代，给我们带来了眼花缭乱的屏上世界，带来了比现实时空还要强大的虚拟时空，带来了全新的掌上生活。手机把空间和时间都压缩在那个小小的屏幕里，能在一瞬间把我们与如此广阔的世界全面地连接起来。手机已经填满了我们的生命空间，我们在不断低头中，联通了整个世界。

第一节 网络时代的地球村

你知道吗?

2015年12月16日,在以“互联互通、共享共治——构建网络空间命运共同体”为主题的第二届世界互联网大会上,习近平总书记指出,互联网让世界变成了“鸡犬之声相闻”的地球村,相隔万里的人们不再“老死不相往来”。

一、再“村落化”:地球村的由来

地球村(Global Village)也可称为世界村。1964年,传播学家麦克卢汉在《理解媒介:论人的延伸》中首次预言,20世纪以及21世纪是一个地球村的时代。地球村是一种比喻,指现代科技尤其是通信、交通和媒介技术的迅速发展,缩小了地球上的时空距离,全球性交往空前扩张,时空被压缩,人与人之间的空间距离缩短,整个世界紧缩成一个“村落”。在麦克卢汉看来,“地球村”的主要含义不仅指发达的传媒和通信技术使地球变小了,还指人们的交往方式、社会和文化形态发生了重大变化。

我们都知道，村落化是人类生活的基本方式，尤其是农业社会的基本生存方式。“鸡犬之声相闻”的村落社会，是传统的家庭和个人生活的环境。在这个环境中，人与自然交融，面对面交流和亲身交往是其主要特征，这也是人们美丽的田园梦，是诗性乡愁的永恒母题。

但是，进入工业社会，城市化和现代化开始扫除一切历史传统，使地球上的原有村落都市化。过去村落中人与人之间的直接交往开始向非直接交往转变。随着都市空间的无限扩大，农业社会中那种简单的亲身交往消减、消逝，非直接交往成为主流，水泥钢筋森林抚育着都市成长为现代社会的巨怪，导致了人们之间的隔离，形成了城市囚笼和“陌生人”社会。而发达的电子媒介和交通工具又开启了反都市化进程，即重新村落化，使人的交往方式重新回到个人对个人的交往。

简单地说，地球虽然很辽阔，都市空间虽然把人们封闭在钢筋水泥的堡垒里，但是由于信息传递极度快速频密，人们的社会交往就像在一个小村子里一样便利，由此构成了一个电子村落，人们就称地球这个大家庭为“地球村”了。

麦克卢汉认为，在地球村时代，时间和空间的区别变得多余。高度发达的电子媒介，如广播、电视等，压缩了时间，消除了地域和文化差异，使人类大家庭结为一体，形成一个人人参与的、新型的、整合的地球村。

习近平在第二届世界互联网大会的主题演讲中指出，地球村是信息技术革命纵深化的标志性概念,以互联网为代表的信息技术革命,引领了社会生产新变革,创造了人类生活新空间,极大提高了人类认识世界、改造世界的能力。可以说,世界因互联网而更多彩,生活因互联网而更丰富。

二、全球化交往:地球村的脉动

160 多年前,马克思在《德意志意识形态》中就预言,全球范围的普遍交往必然代替地域性的交往。进入当代,技术的发展尤其是交通、通信和媒体技术的进步缩短了人们的空间距离,人们互动的频率也不断加快。全球化交往成为地球村的常态性脉动。

地球村的首要特点就是信息的全球化流动,也就是信息传播的全球化,促成了人类交往的全球化。通过互联网和移动互联网等新技术,人们可以身在此地,及时同万里之外的任何人取得联系,实时交流。通过信息的相互联系,结合高度便利的交通条件,形成全球人员、信息、商品、资本等的全面快速流动,使这个世界成为一个联系和结合更加紧密的村落性整体。

全球化是一种状态,更是一个动态化进程。商品、服务、资本、人员、信息的快速流动,让我们的生活每天都处在全球性的涡流之中。

技术变迁和相应的社会创新是当代社会变迁的重要原动力,交通和通信技术的进步是全球化的首要依托。交通的进步促进人员和物质产品的全球化流动,通信的进步促进文化、精神产品的全球化交流。全球化的最大意义之一就是“信息自由流动”。

互联网和移动互联网是促进当今世界全球化的最强劲动力,其中,社交媒体已经成为全球化的主要信息传播平台。

手机上的社交软件,尤其是微信的普及让人们的联系日益频繁,远距离交流像在家庭庭院里拉家常一样方便、及时、自然。通过手机掌控的全球化交往变得圆桌化、常态化,而不像以前那样隔很久才有个聊天电话,微信朋友圈更是促进了人与人之间一对一、一对多、多对多的及时沟通。这些通过社交软件进行的线上联系,是一种简单、随意、自然的类似邻里关系的联系方式。想问一下朋友和家人的近况,打电话似乎太郑重其事,而刷手机的时候随手一个赞、一个回复,都是情感交流。奇妙的是,这种交流在时间、场所和语言上更加随意,没有打电话的压迫感。在千里之遥,万里之外,刷一刷手机,朋友和家人就像在眼前,或是在一个智能型圆桌周围,可以很直接地进行亲近的交流。世界性的类亲身性交往,成为智能时代的常态。

手机的另一个特点是信息获取的便捷性,全球性资讯可以随时随地在手机中呈现。虽然获取内容的渠道很多,但人们获取的热门话题却基本类似。本来,人们生活在不同的国家、不同的地域、不同的环境中,与许许多多不同的人交往,各自都有跟这个世界交流的方式。这种种不同,造成了人与人之间的陌生感,进而会产生隔阂和距离,以至于人们相遇在一起的时候,会急切而尴尬地寻找共同话题。智能手机和社交平台为人们提供了信息分享和交流的通道,在一定程度上促进了全球性交往的信息均衡:我获得的热点信息也是你看过的,自然很容易有共同话题。

总体上讲,智能手机和社交性传播平台的全球性交往特点,主要表现在以下几个方面。

第一,高度离散的虚拟空间。去中心化、去地域化、高度离散、开放是移动互联网时代交往的突出特点。由于网络的完全开放性,手机的使用变得更快意;由于网络文化的仿真和虚拟,智能手机为人们构筑了一个新的网络空间。

第二,自主个性化的交往空间。在网络空间中,人们的符号性平等达到极致,草根和精英的界限在这里消退。“我的地盘我做主”在移动互联网上表现最为突出。个性化、定制化的资讯和文化会源源不断地推送给每一个人,碎片化的资讯泛滥,无数的信息茧房把人们分割在自主化的时空中。各类个性化交往平台让人们能自主地选择自己想要的资讯,选择自己的交往人群。

第三,即时交互和双向多维对话空间。智能移动时代,人们之间的对话交流越来越频密、多维,网上即时互动成为其主要特点。人们交往的对象海量增加,网上发言的人群呈几何级数增长,“众声喧哗”成为网络生活的常态,扁平化传播消解了单向性、由上而下传播的独尊地位。各种文化的壁垒被打开,话语权下移,双向性对话拉近了人和人之间的距离,突破了时间、空间和文

在信息海洋中的奇幻冲浪

化的限制,实现了跨文化交流、对话和互动。

第四,弱规范性的生活空间。互联网和移动互联网是人人都能进入的第二空间,现实世界的美好和丑陋、善良和罪恶,同样可以在这里延伸和复制。其匿名性的特点会加剧人的非理性和情绪化,更能放大人性的丑恶。匿名会产生“广场效应”,由于脱离了现实生活中的价值规范,人的道德水平和自制能力降低,变得冲动、易变和急躁,易受暗示,易轻信他人,情绪容易夸张。此外,在移动互联网空间中,世界各国都不同程度地表现出弱规范性的

资料链接

全球化交往不仅提升了个体的自主意识,还提升了人类整体的生产能力、科技能力、交往能力、思维能力。在全球化交往中,个体直接同世界各地的人们发生着关系,有利于个体与人类整体之间联系的加强。但是,个体自主意识的增强,极容易引发个体和人类整体的矛盾,个体的有些行为不可避免地会危害人类整体;同时,处在复杂多变的社会关系中,个体自身发展的不确定性、偶然性增多了,人们对命运的掌握变得极不可靠,这种状况使人们很容易迷失自己。

全球化交往在给人们带来先进的产品与技术、科学文化的创新成果之时,还向全球各个角落或明或暗地传播某些腐朽思想,如商品拜物主义、货币拜物主义,使人们之间的交往趋向物质化、利益化,引得人情淡漠、人文淡出。

特点。网络的公开性和弱规范性使网络中各种信息的价值取向表现得多元甚至混乱。虽然网络中存在大量符合社会主流的信息,但不良信息和网络垃圾也到处泛滥,色情、错误价值、恶意政治观、反(伪)科学信息四处可见。

三、移动互联时代:掌上地球村

在互联网产生之前,空间距离与时间间隔始终是全球化进程的一个制约因素,互联网的出现以及高速发展,为全球化进程插上了腾飞的翅膀。

人工智能、移动通信与互联网技术的协同发展,使移动互联网成为吸纳、承载人类生活、生产、娱乐、休闲的大平台,缩短了人际交往的时间和空间距离,重塑了人类的生存形态。其终端智能手机则成了传输社会信息的基础通道。

移动化、智能化、全球化是移动互联网时代的基本特征。智能手机作为移动终端,其前锋性载体是“三微一端”(微博、微信、微视频和客户端),后台是不断创新和扩张的现代信息技术、人工智能技术。各种智能性软件尤其是社交软件被海量地创造出来,装备智能手机的前台和后台,并在极端快速地迭代更新,构成功能极为强大的智能性移动终端,形成智能时代手机无所不能、无远弗届的远大发展前景。智能手机在数字技术的武装下成为数字地球、智慧地球的主要标识。在智能化、大数据、云计算等新兴互联网技术的推动下,全球化进程不断加快。“一机在手,玩转地球”,是当代人的生活写照。

在数字地球环境中,人类感受和体验到的地球村就是人手一部智能手机,通过它,我们可以与全球任何一个人建立及时联系,在万物互联中全面建构从家居、工作到出行的覆盖性的智能化生存环境。这个虚拟的世界与现实生活无缝对接,几乎全面覆盖了我们的现实生活。

当前,智能手机的功能比较突出地表现在三个方面:信息传播的全天候载体,网上娱乐的便携式载体,电子商务的全球性载体。一部智能手机,几乎可以解决人们生活沟通、工作消费、休闲娱乐中的所有问题。当然,其最基本的功能是作为信息传播的全天候载体。

随着通信功能与媒体功能的融合,智能手机的信息传播变得高能高效。“三微一端”是当前手机上最热门的应用程序(APP),从浅层意义上讲,它们是一种媒体;从深层看,它们代表一种生活方式和交往方式。这种泛传播、微传播、移动传播应用,正在全面颠覆现有的生活和交往,智能化社会在手机屏上初露端倪。

互联网和移动互联网已经消除了人际传播、组织传播与大众传播的边界,与各类媒介融合伴生的是传播融合。其中社会化媒体和社会化传播是核心枢纽。当下,社交化媒体的主要终端就是智能手机,其主要形式是微博、微信、客户端等技术应用。它们与搜索引擎、推荐引擎(如“今日头条”“一点资讯”等个性化推荐引擎)、在线游戏、手机游戏、个性化电子商务等一起构成了庞大的网络社交版图。简单地讲,社会化媒体就是能够为使用者提供即时便捷的互动交流功能的移动互联平台。

在移动传播的背景下,所有参与到社会化媒体信息传播的用户,都可以体验类似于面对面、贴身性的社交。以微信为例,微信允许用户与通讯录中的朋友进行一对一交流,也可以在微信群进行一对多互动,或者在朋友圈对成百上千、亲疏远近不一的人发表公开言论和观点,而这一切传播过程都可以进行实时反馈和互动调整。

移动互联技术带来的智能社会化交往越来越成为常态。全媒体、大数据、云储存、云计算大行其道,成为每个人都可以触摸

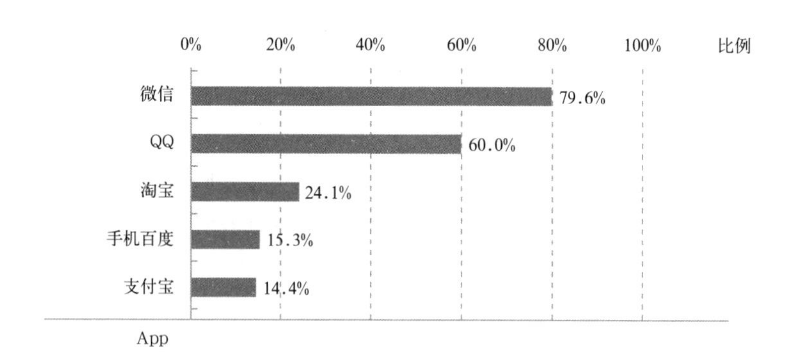

2016 年网民最常用的 5 个 App[1]

---

[1] 中国互联网络信息中心. 第 39 次中国互联网络发展状况统计报告 [R]. 2017.

资料链接

2016年6月,美国互联网公司Dscout对近100名手机用户的一项调查表明,每人平均每天点击手机2617次,手机屏幕亮着的时间累计为145分钟。使用频率排前10%的人平均每人每天点击手机5427次。算下来,这些重度手机依赖者一年要点击接近200万次。87%的人在凌晨0—5点会看手机。用户行为聚焦于社交网络和短信。被调查者最喜欢使用的三类App分别是游戏、购物和社交网络。

艾瑞咨询公司在中国的调查显示,人们每天联网使用各种手机应用的时间为人均1.5小时,打开次数和使用时长排在前三的App分别是微信、手机QQ和爱奇艺。考虑到无须联网的时候,人们实际使用手机的时间会大大超过这个数。

360手机用户中心的一项调查表明,我国有48.3%的人0点之后还会看手机,用户解锁次数是122次。

和融入的生活方式。人们的衣食住行、交往、娱乐都与智能手机紧密联系在一起,手机的“快闪”不断给人们的生活加速,给人的生存添彩。“万物运于一掌”的掌上地球再也不是传说。

第二节　智能化时代的低头族

你知道吗？

截至2017年6月，我国网民规模达7.51亿，其中手机网民达7.24亿。按此计算，我国网民使用手机上网的比例为96.3%。也就是说，每100个人中，就有96个可能成为低头族。

一、低头族：智能手机的奶宝

据《扬子晚报》报道，家住南京春华街道华泰里社区的朱阿姨反映，最近跟上中学的女儿很少交流，有时几乎零交流。孩子一放学回家就坐在房间里玩手机、打游戏，有时候喊她吃饭，她都无动于衷，每天交流的话语无非是“想吃什么”“吃饭了”“该睡觉了”等等。“有时候看她专注玩手机，（我）恨不得把（她的）手机给扔了。跟她说话也是心不在焉的，现在的智能手机真是坑人！”朱阿姨生气地说道。她现在特别怀念以前的生活，女儿一放学就会跟自己聊天，聊学校的见闻，聊学习的感受，聊母女间的悄悄话,现在手机却改变了这一切。

专家说,朱阿姨的女儿是低头族,你同意吗?毋庸置疑,低头族已经成为我们这个时代一种突出的文化现象。那么,什么是低头族呢?

要定义“低头族”,首先要认知什么是智能手机。所谓智能手机,通俗地讲,就是一部可贴身携带的个人移动电脑。就是像电脑一样可以通过下载、安装软件来拓展功能的移动设备,是将移动通信和互联网合为一体的移动互联终端。

十年前的手机能做什么?答案是接打电话和收发短信。如今的手机能做什么?除了电话、短信功能,如今的手机能上网、玩游戏、拍照、看电影、阅读、购物、社交、理财、出行、学习、办公等等。马云说,手机已经成为人身体的一部分,它陪伴你的时间甚至可能超过了你的父母和妻子。

一项新技术的出现,永远有一个正面和负面效应相交织的过程,正如硬币的两面。技术乐观主义和悲观主义对此的争论永无休止。互联网、移动互联网技术同样如此,这是一把双刃剑。对于智能手机,人们的乐观主义和恐慌心态也是相伴相生的。过去是互联网恐慌,网瘾和游戏沉迷让无数家长头疼。近年来,随着智能手机的爆发性应用,人们开始从互联网恐慌迁延到移动互联网恐慌之中。“手机诅咒”成为新一代网络恐慌的代名词。

当然,智能手机的广泛性应用,确实带来了一个爆炸性问题,手机用户太过痴迷,造就了越来越多的低头族。智能手机已经统治了他们的眼睛、耳朵、双手和整个大脑，侵蚀了他们的一切，剥夺了他们在现实生活中的空间和时间。现实生活淡出，诗和远方都被钉入小小的手机屏、iPad端。人们用大量的时间来看手机、玩手机，这已经成为现代生活的常态，甚至成为一种时代病。这就是当代低头族的含义的起源。“世界上最远的距离不是生与死，而是我们在一起，你却在低头玩手机。”这一网络调侃道出了低头族这一社会病的主要病征。

低头族是一种特指，指那些过度沉迷于手机的人。英文为Phubber，由phone（手机）与snub（冷落）组合而成，传达出因专注于手机而冷落周围人的行为的含义。如今，低头族已成为一种世界大多数人的症候，各国对此也有很多具体形象的称谓。出产黑莓手机的加拿大人就将手机称为“莓毒品”；德国人将低头族称为“手机僵尸”；意大利人则称低头族为“使用数码而不说话的人”。低头族的共同特征是不间断地、痴迷

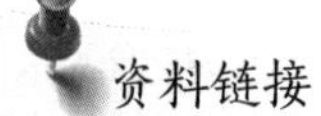
资料链接

美国《华盛顿邮报》报道：49岁的凯茜·克鲁兹·马雷罗女士在宾夕法尼亚州雷丁的巴克夏购物中心购物时，由于专注于发短信而一头栽进了喷泉。商业街的监控器拍下了这一幕，很快，这段视频被传到了YouTube网站上，浏览量高达200万次。尽管凯茜没有受伤，但她还是雇用了一名律师起诉该商业街。因为她说太丢脸了，由于全世界太多人嘲笑她，她在家哭了好几天。

地低着头看手机、玩手机。由于他们太过沉迷于手机,脱离了现实生活中的交往。

这一群体的显著特征就是,不论朋友聚餐、家人聚会,还是在地铁上、电梯里,甚至是过马路、上厕所的时候,都会习惯性地低着头看手机,忙着刷微博、聊微信、看视频、看网络小说或者玩游戏,把零碎的时间填满,与周围产生一种冷漠的“隔绝”。

简单地说,低头族就是那些只顾低头看手机而冷落面前的亲友,在手机开启的虚拟世界里过度沉迷,而迷失了现实生活的人。

二、手机控:低头族的类型

社交网站脸书网(Facebook)的创始人兼首席执行官扎克伯格的妻子普莉希拉·陈称自己是个典型的低头族,说自己每五秒钟,就会查看手机。你同意她对自己的判断吗?想想看,她是低头族吗?

低头族也被称为“手机依赖症患者”或“屏奴役者”,他们不断地看手机、刷屏。一些研究机构或研究者试图对低头族进行量化测试,以下就是其中一种测试指标。

1. 朋友圈、QQ空间的信息秒回,分享秒赞。

2. 与人在外吃饭,一坐下就打开手机看微信或八卦新闻,然后直接把手机放桌上,以便随时查看。

3. 随时随地搜索Wi-Fi信号,在没有Wi-Fi的地方宁愿花流量,只为看看微信朋友圈的动态,回回信息。

有人说，人类历史从文明之初到现在，可用三个苹果来描述。第一个苹果，上帝给了亚当和夏娃。亚当和夏娃吃了，就有了智慧，人类也因此有了文明。第二个苹果，上帝给了牛顿。苹果从树上掉下来，砸到牛顿脑袋上，牛顿进行思考，得出的理论被归纳出来，奠定了现代物理学的基础——力学定律，人类有了现代科学。第三个苹果，上帝给了乔布斯。这个苹果被上帝咬了一口，成为今天的智能手机。当代，撬动地球的一个支点就是乔布斯的苹果——让全球人低头膜拜的智能移动终端。智能手机的普及率已经超过了所有主要媒介终端，高居第一位。这种猝不及防的变化，仅仅发生在7年(2010—2017)之内。

4. 休息日玩微信、玩游戏、追剧，总是错过吃饭时间。

5. 与朋友、同学聊天，一旦话题说完或大家都喝茶时，就拿手机看看。

6. 听到手机铃声响起，马上掏出手机，一看才知道是别人的手机在响，只是铃声一样而已。

7. 逛商场或者逛街时，差不多每隔十分钟就拿出手机看微信。

8. 在手机上装了好几个游戏，总感觉玩游戏的时间不够用，导致工作中或者上课时也偷偷玩。

9. 玩微信、玩游戏、追剧看片时异常专心致志，跟别人说话时心不在焉,答非所问。

10. 手机没电,又没带充电器,即使问了十个人都没要到充电器,还是不甘心。

你的回答如果有 5 条以上是肯定的,那么你可能已经患上了手机依赖症。这个时候要提醒自己,该节制了,该采取办法帮助自己和身边的低头族了。

当然,这是从个体、单数的角度做的一种测试,从群体、复数的角度,我们也可以做出一些判断。

从年龄上看,低头族有着比较鲜明的代际特点。国内有调查表明,低头族多为 50 岁以下的人群,对手机的依赖轻重度与年龄成反比。

50 岁以上(基本不依赖):闲散或退休者,每天使用手机不超过 1 小时,主要用来接听电话,联系家人、朋友等,作息正常。

36—50 岁(轻度依赖):生意人、家庭主妇、职员等,闲暇

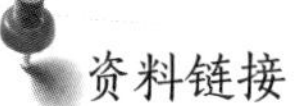

2015 年,智联招聘进行了一次针对国内 28 个主要城市的白领的手机使用指数调研。结果显示,随着智能手机的普及以及智能手机自身功能的加强,近八成白领患上了手机依赖症。其中,北京白领使用手机的时间最长,平均每天 6.72 个小时,其次是西安白领,平均每天 6.15 个小时,第三位为上海白领,平均每天 5.45 个小时。公关、营销等行业白领为了工作,手机保持 24 小时开机。

之余,用手机看文章,看段子,谈养生,或刷刷朋友圈寻找志愿服务队伍,稳固生意人脉等。

18—35岁(重度依赖):学生、上班族、微商,机不离手,绝大多数24小时不关机,玩淘宝、手游、微信、QQ空间、交流软件等。

青少年(部分重度依赖):中小学生。下课、放学、放假后,补习班之外,用手机联系同学、玩游戏、搜作文、在线翻译等。

比较有意思的是,部分60岁以上的人群也是手机的重度依赖者。从总体趋势看,随着智能手机的易用化程度提高和各类交往、生活功能的扩展,低头族可能蔓延到各种年龄段的群体。

从空间角度看,低头族大致有四种类型。一是行走中的低头族。在街头巷尾,在人行道和公路上,在地铁、公交站台,甚至在乡村小路上,到处都是边走路边盯着手机屏的低头族。二是公共交通工具上的低头族。在飞机、火车上,在城市的地铁、公交车上,甚至在开车时,低头族也要忍不住刷屏。他们的注意力完全被手机吸引,心无旁骛地把目光盯在手机屏上。三是居

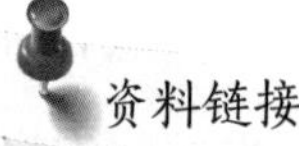

据新华社报道,一项对全国未成年人使用互联网的调查显示,我国有九成以上未成年人使用互联网,超六成10岁前就“触网”,约1亿未成年人使用手机上网。现代人被电视、电脑、手机等各种电子屏幕包围,成了“屏幕奴隶”,且这一群体日益呈现低龄化趋势。

家的低头族。他们在家里,早起第一件事就是看手机,晚上睡觉前的要紧事也是看手机,无休无止;盯着 iPad 看电视剧,无节制地玩“飞机大战”。四是公共场所的低头族。在电梯、走廊上,在办公场所,在教室,在工厂车间,在公园、酒吧、宾馆、饭店等场所,只要有空闲时间,就拿过手机,拍照上传,或分享、搜索一番。无论是哪种低头族,都有一种共同的取向:低头只为痴迷。低头是时尚,也是潮流;低头是一种深入骨髓的生活方式,也成为人们的生活困局和社会之痛。

三、屏奴役:低头族的特征

宋先生是杭州一家科技公司负责游戏开发的工程师,业余时间喜欢用手机上网络互动社区知乎网。与众多网友讨论各种感兴趣的话题 ,常在微信朋友圈上分享一些奇思妙想。“哥刷的不是微信,是存在感。”平均每 5 分钟看一下手机已经成为他生活的基本方式。他还说现实生活中的自己不过是千万个普通“码农”之一,但在知乎上他是资深专家,在微信朋友圈里他是话题之王。“谈得来的朋友都在网上,拿出手机随时随地就能聊上两句,自然而然就有点依赖了。”那么,宋先生到底是不是典型的低头族呢?

移动智能时代,手机俨然构造了我们的生活,把我们的生活空间填得满满的。我们的生活中处处是“手机的味道”。低着头看手机的人无处不在,“我在看手机的时候看到你,我在看到你的时候看手机”成为当今的典型风景。低着头,盯着屏,手指在屏上滑动,聊天、发微信、上传视频、看视频、玩游戏,生活休闲娱乐全部都依赖手机,忘却了今夕何夕,身边为何人,这是大多数低头族的典型症状。具体来看,低头族的突出症状表现为以下几个方面。

资料链接

提倡“三上”(马上、枕上、厕上)认真读书的北宋文学家欧阳修,如果穿越到我们这个时代,远看现在的网民,也在车上、枕上、厕上甚至路上,认认真真地低头,一定会认为找到了知己。但是,如果近观我们,他一定会很惊讶和失落。我们的“N上”与他的“三上”恰恰相反。

写了“举头望明月,低头思故乡”的大诗人李白,如果穿越过来,一定也很惊奇:你们低头好久好久,真是情真意切。可是,他哪里知道,我们是处在“抬头看屏幕,低头看手机”的境界中。

一是低头沉浸在虚拟世界,扭曲了现实生活。智能手机的功能越来越多,各类网络社交软件层出不穷,这直接导致低头族无法离开手机生活。低头族的主要人群是35岁以下的群体,其中大学生和青少年群体的形势最为严峻。他们每天长时间盯着狭小的屏幕,以致学习成绩下降,工作能力下降,严重影响正常生活,严重损害身体健康。

二是重度依赖手机,产生心理疾患。低头族的日常生活完全被手机所占据,在亦真亦幻的世界里沉迷,在网络空间指点江山,神采飞扬,却对现实生活冷眼旁观。长期处于虚拟世界的虚幻成就感中,缺乏能够面对面交流的朋友。一旦离开手机,他们就会变得孤独、萎靡、盲目,成为“手机上的巨人,生活中的矮子”,成为活在手机边界的巨婴。有些低头族存在着反社会、反人性、反理性的心理特征,在现实生活中存在严重的无力感、怨愤感和剥夺感,冷漠、颓废,极度自恋,情绪性强。严重的会出现一些心理疾患,成为社会中的边缘人,家庭中的问题人。

三是沉迷于手机交流,社会交往能力退化。低头族过度沉浸在手机空间中,在虚拟世界的圈子中无法自拔,缺乏直面现实生活的欲望,在现实生活中的交往能力衰退。手机屏成为一道与人们隔离的围墙,隔绝现实世界的无穷风景,把人们面对面交往的空间屏蔽掉了。很多低头族在手机世界中可以滔滔不绝,而在现实生活中却沉默寡言,连与家人也很少交流。同处一室,同处一处,互相之间不认识,也没有交往的兴趣,而对手机圈子中的人则热情有加。虚拟世界的梦幻压缩了现实生活的丰富多彩。

当前,低头族的最大困境就是过度沉迷于手机,把所有的时间都交付给手机,却迷失了生活,疏忽了家人。把人际交往寄托在手机屏上,面对面交往减少,导致人际交往能力退化,对现实生活越来越冷漠。

第三节　地球村中低头族的“端”生活

你知道吗？

爱因斯坦说过：“科学是一种强有力的工具。怎样用它，究竟是给人带来幸福还是带来灾难，全取决于人自己，而不取决于工具。”

一、栖居在终端：“圈子”中的低头族

低头族是在移动通信技术普及和廉价移动终端普及双前提下诞生的。智能移动终端既具有即时通信的优势，又具有开放、互动、全媒体的沟通潜能，将通信功能和媒介功能合为一体，更贴身、便捷。通过微博、微信、客户端和微视频等轻量资讯载体，把生活世界轻量化，把各类资讯快餐化，为人们开启了一个全新的世界。过去空间的距离、时间的间隔，把人的生活囿禁在相对狭小的地域里，而今，手机轻松地打破了这些压制人类全球性交往的障碍。天地万物在手机世界中混化为一体，我们可以思接千载，涵化万物，可以触摸全球各地此刻的脉动，也可以通过语言、

非语言符号在全媒体的手机世界中感受所关注的人的即时动态。手机是神奇的。

套用一句广告语,“移动改变生活”。智能手机改变了人们的生活空间,让人们更深入地融入了地球村。社会学家卡斯特区分了“流动的空间”和“地域的空间”这两个概念。他认为,存在着一个建立在新媒体信息技术之上,超越国界的流动空间。通过简易的刷屏,智能手机就把我们带进了这个消除了传统地域边界的流动空间。

从某种意义上讲,移动传播已经成为一种类生命器官,全盘再造了社会生活,像孙悟空的“七十二变”一样,以不同形态如影随形地全面介入人类生活,内化为人们日常生活中必不可少的部分。

移动互联网的强黏度、高覆盖率、渗入度,以及对人们生活的全面侵入,已经强力改变了千百年来人们的交往习惯,改变了数百年来人们接收资讯和学习知识的习惯,改变了人们从生活、生产、娱乐和休闲的习惯性行为方式。

首先,智能手机成为人们资讯、交往和知识传递的主要工具。人人都是媒体的时代到来,万物皆媒的情境将逐步实现。智能化技术通过“云”端与移动终端无缝对接,手机终端可以装载全球性的信息和知识,数以亿计的自媒体把数字星球扩张到极致。各类实用性资讯数据容量巨大,可以进行精准性、个性化的整合、推送和获取,人们能便利地找到所要的信息,进行个性化学习和交往。

当前，云媒体将广播电视网、电信网、互联网等网络功能汇聚到移动互联网上，除了满足用户的资讯接收、娱乐社交需求外，还带来了海量实用的新功能。如智能搜索、语音导航、智能推荐、多屏互动、可视通信、彩屏服务、智能联想等服务，还有交纳话费、煤气费等各种税费，旅行购物、金融理财、转账支付等生活性服务功能。

其次，在场化、即时化、视频化传播使再现和模拟全球性的现实场景成为可能。世界各地发生的重大事件可以全景化还原，立体性、多视角、多媒体的影像传播更为真实。而生活化、草根化的场景也成为移动传播时代的新宠，随手拍、微传播将移动视频传播推上了一个新台阶；身边的趣闻逸事、个人生活场景被及时上传共享，全城传播、视频直播可以随时展开和接入。手机每时每刻都在让人们快速分享世界的辽阔和精彩；与移动终端相贯通的VR 技术，AR 技术，360 度视角的可交互的、三维（3D）的、沉浸的虚拟现实技术，使视觉化传播趋势越来越强劲。

再次，社交化关系传播和“社交 + 本地 + 移动”模式叠加。线上和线下的活动交错交融，过去的地域性隔离被打破。此时此刻可以同远在天涯的人互通互联，共享信息，共享心情，共享类社区性的聚集性生活。

社会学认为，人的生存空间有两种基本形式：社区和社会。社区是由血缘、业缘、邻里和朋友关系构成的有机人群组合，它以习俗、感情和伦理为纽带；社会是由理性利益的权衡建立起的人群组合，是通过权力、法律、制度构建的一种机械合成体。从社会形式的发展来看,人类走向现代文明的过程就是一部从社区迈向社会的文化进化史,也就是从非理性导向的社区走向理性导向的社会的过程。而移动互联网反转了这一发展趋势,使人类在虚拟空间中,再次从社会走向社区。

很显然,网络社区结合了感情伦理和理性考量,是带有更多社会属性的社区。移动互联终端的微信朋友圈是当今最典型的网络社区载体,是一种典型的社区型平台。而一些聚合性、共享性的移动终端 App ,如美图秀秀、脸萌等,则几乎只是基于自我情感表达和情感互动而形成的。其流行触发点只集中于“快乐”“自我展示”等用户情感层面,而情感之外的其他社会化元素都被淡化了,几乎是情感宣泄型社区的极致表现。而知乎、钛媒体等移动 App,则是用户们共享理性知识和技术的聚合平台。多元的网络社区为人们构建了更加丰富的情感世界和意义世界。

移动互联网进一步扩张和加速了非理性、去中心化、去权威化的社会传播新取向。其超级易用性和便捷性所带来的极度扁平化的传播方式,则是非理性化传播潮流对主流理性传播社会模式的彻底反水,形成了以自我为中心的移动传播互动关系和个性传播文化。

青少年网民在这种网络空间进入和完成社会化过程,并进而形成新的社会身份和社会关系。生活中,很多青年人见面后会互留微信作为联系方式,移动微信身份已经变成了重要的“圈子”身份特征;工作中,重要会议的参加者会以注册并通过智能手机出示会员二维码的形式获得参会权利和身份认同,这些移动传播行为本身就带有社会身份确认和社会关系保持的传播价值和社会情感价值。移动互联网最终通过技术和平台的渗透,凝聚出独特的移动用户群体心理和移动传播文化。

如果说智能手机的流行,是低头族产生的物质原因,那么时

资料链接

31 岁的金女士在宁波高新区一家互联网企业工作，她还没有对象，家里人又催得紧。金女士说，每天单位、单身公寓两点一线，社交圈实在太窄。别说找个男的约会、共享烛光晚餐,就是想找个一起吃晚饭的人都很难。“在宁波没什么朋友，同事下班后都匆忙回家，也没多少交集。很多时候都是一个人在家吃着外卖,刷着朋友圈。”

和现实生活中的寂寥相比，金女士的朋友圈却很热闹。她每天花很多时间在微信上，上班路上、晚饭时、睡前、上厕所时都忙着刷微信，发美颜自拍，发心灵鸡汤，发生活状态。流行的微信统计显示，金女士 2015 年平均每天发 11 条微信，其中一般有两条是自拍照，每条微信几乎都有几十个人点赞。

“好像习惯了和人在网上聊。网上的自己转转‘鸡汤’，发发购物的战利品、旅游照,无忧无虑。PS 过的照片,看着也挺白富美的,点赞的人很多。但在现实中,朋友却很少。”金女士说。

间的碎片化则是低头族产生的社会原因。如今生活节奏加快,大城市的人们没有整块的时间娱乐,因此在地铁上、公交上,甚至行走在路上,人们都想利用这来之不易的时间,娱乐一下,放松自己的身心。

二、链接在云端:漂流的低头族

“云”技术是移动互联网时代的标配。

云计算、云储存、云处理和云平台等云技术,使移动互联网的功能越来越强大,其搜索、下载、上传、使用、管理、备份功能聚于一体,简单便利、流畅亲和、贴身快捷的使用体验使用户们畅享新智能时代的生活精彩。手机等移动终端具有场景性和实时联网等特性,通过关系和位置等形式,随时随地与朋友圈中的朋友互动,提供了强劲的关系性、沉浸式交互体验。

在移动互联网络空间,聚集在各个圈子的都是各种关系和信息传播的创造者与接受者,多重传播在这里混一,现实中的各种等级和身份在这里抹平。移动互联网与用户生活、工作、娱乐渗透交织,成为无法独立区分的社会系统的构成部分。在不久的将来,人类与移动互联网彼此依存、彼此融入的关系将更加深化。互联网技术可以确定、支持人们的社会身份和生存方式,移动手机成为人们的身份标签和性格符码,这已经是当下的现实。网络化生存、数字化生存成为当代人的主要生存方式。

站在“云”上看地球村

移动网络社交“拉平”了社会身份和社会等级的差异,提供了一个平权化交往的平台。“褪去了各种头衔,每个人都是平等的。我要是不喜欢某个人,可以直接拉黑或屏蔽他(她),不像现实中还要顾忌熟人或上下级关系。”在移动互联网中肆意遨游,是低头族最大的快乐。这种从现实世界到虚拟世界的穿越、线上线下的沟通,构成了当代主要的文化景观。其主要特点是:

1. 生存数字化。没有移动互联网的生活对现代人来说是一种苦役,这大致是人们普遍的体验。2011 年以来,随着 4G 技术的普及和移动终端、各类 App 的日趋完善,移动互联网开始了爆炸性扩张的进程,大批网民迅速倒向移动互联网,跻身于规模巨大的智能手机使用跟进者之列。移动技术随之呈现出中后期的迅速扩张和普遍覆盖样貌。各种软硬件技术、服务和终端对使用者生活的时间、空间进行无孔不入的侵入。而由于便捷度、个性化和需求满足度的大大提升,移动互联网用户对这种“常态化入侵”的媒介环境变化,非但没有排斥和不适,反而持有积极接受的主观意愿。

2. 匿名随意化。云技术和智能手机让人们打破了现实身份的束缚,带来恣意的快乐。手机就是一部微型电脑,在应用了云服务后就是超级计算机了。人工智能通过手机这个最便利的终端,成为更加方便人们生活的智能化助手。同时,智能手机这种促成人类关系原子化的技术的诞生,让人们可以在虚拟空间中隐身,可以在广阔无垠的智能化环境中恣意漫游,摆脱现实社会关系的规训，促发了人们对匿名化生活方式的迷恋，对温情脉脉的传统文化的远离。智能手机开启了人们对传统的人类关系进行解构和重新塑造的过程。

3. 体验程序化。移动媒介丰富了人们的消费体验。移动互联网具有“新”“全”“富”的突出特点，进而成为最具有吸引力的一种消费需求和生存体验。首先，它是生命的一种新体验。这种新体验以移动互联网为依托，通过移动走向互动、走向主动。其次，它是一个全媒体。它把文字、图像、音频、视频、动漫、游戏等全部组合在一起，产生一种立体多元的多媒体集合现象，同时，它把所有的媒体形式融入一屏，形成了对传统信息交流和媒体形式的完全替代。再次，它是一个富媒体，体现的是一种功能之富。社交、购物，各种生活中的需求它都能满足。所以哈佛大学把当下的信息化时代定位为应用程序时代。所谓应用程序，是指通过整个平台运营，赋予每一个在移动状态下的人一种新的生活方式、一种新的能力。

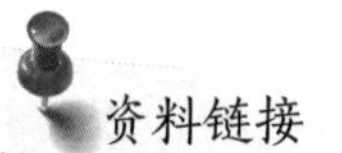

20 年前，当手机还是固定电话的延伸的时候，其存储容量只相当于在天安门广场上放下一个人。可是今天，它相当于在天安门广场上放下 80 万人。20 年中，存储技术产生了 80 万倍的变化。

讨论问题

1. 地球村是个什么村?

2.“久在樊笼里,复得返自然”是哪个诗人写的,你喜欢吗?

3. 你身边有低头族吗?举几个例子。

4. 你想对低头族说点什么?用微博写出来。

5. 你主要用手机干什么?

第二章

魅力与魔力：万众低头的镜像

主题导航

1. 玩转地球的屏生活
2. 智能环境中的屏生态
3. 桃源梦境中的屏镜像

有人说手机开启了人类生活的新时代，是地球村落的天使，是新时代的福音。手机已经成为人们生活必不可少的组成部分。人们的娱乐和工作，感情和生活，都寄存在这个小小的设备之中。掌上世界全面改变着现实世界的面貌，世界各国都出现了万众低头的社会景观。低头族们低头的时候，到底在干些什么呢？相信每个人都有自己的体验。

那么，这种万众低头的社会景观，到底是不是一种异常现象？人们的生活方式和精神交往方式，在发生哪些深刻的改变呢？智能时代的手机，到底有哪些魅力？低头看手机，到底是一种什么样的体验？

第一节 玩转地球的屏生活

你知道吗?

马路低头族是当今道路交通安全的新隐患。这种形势越来越严峻。我国《道路交通安全法实施条例》第六十二条规定,驾驶机动车不得有拨打接听手持电话、观看电视等妨碍安全驾驶的行为。民众表示,这些规定很有必要,当前,还应对行人刷微博和微信朋友圈进行立法禁止,填补对行人玩手机问题的监管空白。

一、解放时间:低头的精彩

在技术乐观主义者看来,智能手机与人的自由和解放紧密相关,是人类智慧对自身的赐福。它给人们带来了在地球村中重新村落化的美景,能更美好地生存和发展的福地,能更幸福地生活和扩大交往的新家园。

有一位网友写道:

20多年前，固定电话还未普及的时候，要去朋友家送还前几天借的书。买好了礼物，在路边等了20分钟才打到车。按着朋友写在电话本上的地址打听路，找了40分钟，好不容易找到了，却没人在家，傻了。不知道对方什么时候回来，只能傻等。两个小时过去了，朋友回来了，说哎呀，你买鱼干什么啊，我们家人都不吃鱼。还书的时候突然想起上次出去玩时向朋友借了一百块钱没还，结果兜里没带那么多钱，附近的储蓄所又刚好关门了。看到朋友家里摆着上次出去玩的合影，我也很喜欢。朋友只能说，底片借给你拿去洗吧，记得有空拿回来。

而有了智能手机的今天呢？一个微信，这些事几乎就都解决了。想去朋友家，用微信问问朋友在不在家，让朋友发个定位。看了朋友的朋友圈，知道他讨厌吃鱼，喜欢鲜花，就同城订了一束鲜花。用滴滴打车，穿好衣服下楼，车已经等在楼下。到了朋友家才想起欠的一百块钱，兜里钱不够没关系，微信红包发过去。合影的照片不错，原图发给我吧。曾经要几个小时甚至几天才能完成的事，现在几分钟就能完成，节省下来的时间算不算是一种时空穿梭呢？曾经要费很大劲才能运送到的东西，现在一秒钟就能完成传输，这是不是也是一种瞬间转移呢？

这位网友的说法是不是很酷？的确，他说出了万众低头的主要原因。有了手机等移动设备，一切太方便、太高能，社会交往的效率高度提升。

中国移动曾在2012年发布了一则企业形象电视广告，精致的逐格动画描绘了几个激动人心的未来生活和工作场景：丈夫在带妻子孕检之前，用手机无线互联客户端预约医生及看病时间，看病变成了轻松的熟人会面；白领妈妈下班后，在超市购买水果之前，通过智能手机扫描二维码的方式查看农产品的产地、种植人、物流和采摘时间等内嵌信息，再用手机进行在线付款；一位中年男士在广场露天咖啡厅一边悠闲地喝咖啡，一边通过云数据和移动控制系统为远在异地的仓库下达物流发货指令。移动互联网时代的工作和生活更加便利、高效，工作、娱乐和社交行为在移动通信技术的作用下发生重组、交织、重叠，进而形成了新的社会生活状态。时至今日，这一广告中的场景已经在城市生活中随处可见了。

马克思主义认为，科学技术的进步使人类从繁重的劳作中解放出来。解除劳动的艰苦、异化和压抑，人们就可以从事真正想做的事情，例如

资料链接

马丁·库帕是手机的发明者，被称为“现代手机之父”，1973年他打通了全球第一个电话。他表示，“每一代产品的更新，他们都努力推出一些有趣的东西。”库帕认为，当前智能手机虽然很重要，但智能手机上并没有太多的“必要”应用。大部分应用都是为用户提供方便性，没有它们用户照样可以继续生存。而“必要”应用意味着没有它，用户就无法正常生活，甚至会死亡。

义工服务、艺术创作等。智能手机对于人们的解放作用越来越突出。有时候,通过一部智能手机,人们可以便捷、快速地做完过去几天、几个月才能做好的事情。

智能手机代表了新技术对时间的又一次解放,开启了人们新的生活方式。小小的手机屏,节省了人们工作和交往中的大量时间和金钱,是当代人类解放的一个重要标志。

二、便利生活:低头的收益

重庆女孩陈薇薇的说法颇能代表中国低头族的心声。陈薇薇说自己依赖手机的原因,就是“一切都能通过手机搞定”“什么事都能用智能手机解决”。陈薇薇每天的生活,“在手机中开始,在手机中结束”。

清晨叫醒她的往往不是闹钟,而是来自某快递代收货服务平台 App 的收货提醒;上午出门办事,她通常用滴滴打车或共享单车;到了吃饭时间,点评团购类 App 总能提供许多美味选择;晚上睡觉前,她习惯于在各类购物 App 上流连忘返。她用余额宝理财,用安居客找房子,甚至连水电费也在手机上交纳。

手机有太多便利的功能,它就如同电能一样,在人们的生活中不可或缺。想一想,如果没有电能,我们的生活该怎么过?同样,现在如果没有手机,我们也可能成为聋人和盲人,日子会过不下去。

你想寻找某种信息吗?在手机屏上点一点,“度娘”马上告诉你。

你想听音乐,看视频吗?点击下载,马上就有了。

你有一点零碎时间,想放松一下,手机游戏软件可以满足你。

你想知道你所在的位置吗?点一点,手机马上给你定位。

你想出行吗?点一点,手机马上给你叫来滴滴快车或开启共享单车。

你想吃一顿美味的快餐吗?点一点,快递员就能给你送到。

你想购买喜欢的衣服吗?点一点,马上在淘宝订购。

……

智能手机已经成为人们生活中无处不在的伙伴和帮手。低头族最心仪的就是这一作用,那一方小小的屏幕,好像强力胶水,紧紧粘住了无数人,正是因为其具有让生活更加便利、更加有效率的伴侣功能。智能手机连接的是数以万计的人和海量信息,如同现实世界在全球化中互通有无,智能手机也构造了这样一个掌上世界,而且比现实中的全球化更彻底、更迅捷。

通过手机聊天、玩游戏、看新闻、互动、解决疑问、找酒店、查公交、购物支付、进行商务活动等等,移动互联网已经实现 PC 互联网的所有功能,并具备了 PC 互联网所不具备的优势,即随时随地的特性。

在中国的城市里,用智能手机付款已经变得很自然,手机正代替信用卡,使人们进入“脱现金社会”。在社会关系上,智能手机同样带来了很多交往便利,在某种程度上拉近了人与人之间的距离,这是在以往的时代万万想不到的事情。空间和时间在社交生活中的数值被智能手机极度压缩,这大大方便了我们的生活。

在中国,智能手机爆炸性普及是从 2013 年年底开始的。低价位智能手机的出现,4G 通信系统的应用,无数具有多元诱人功能的 App 的推出,使手机的生活应用功能不断强化,很多都与日常生活密不可分。在出租车不足的北京和上海,呼叫出租车的 App 是必需的。此外还有可以即时支付各种公共费用的 App。手机购物、手机支付、手机导航已经成为生活的常态。

中国人频繁使用的是支付宝、微信支付等可用于结算的 App。2016 年中国人通过智能手机支付的金额达 36.8 万亿人民币。

在中国的大多数街头小店,扫一扫二维码就可以通过支付宝和微信进行结算。此外还有其他一些支付 App。现在,打车、外卖、快递、邮发乃至小商贩和餐饮摊点,都可以用智能手机付费。一旦人们习惯这种便利,就变得离不开手机了。

我国政府也在利用智能手机提升公共服务质量,“让数据在手机上多跑,让群众在路上少跑”成为政府便利公众服务的目标。2016 年 5 月上线的“北京交警”App 就是个例子。通过下载该 App,用户在手机上就可以完成“办理车辆进京证”等 15 项业务。外国媒体赞扬这是“北京最新的尝试”,“并且还将不断升级完善”。截至同年 7 月底,“北京交警”App 的注册用户已达 238.9 万人,累计办理业务 1500 余万次。而这,只是中国智能手机时代的一个缩影。

三、输送舒适:低头的福利

随着移动内容生态的逐渐完善,手机的功能定位随之发生巨大改变,从通信设备演变为娱乐神器,从休闲产品变成生活帮手,从交往工具变成知识创造的源泉。它像一个无边无际的流量黑洞,最大限度地吸收用户的注意力和时间,最大限度地开发和满足人们的生活需求,最终用户难以逃脱手机构造的舒适圈。

手机不断地给人们带来快乐体验,给人的生活和休闲带来很多惊喜,这几乎是当代低头族们一致的心声。有位网友总结了手机的十大好处:

一是家庭的伴侣,拉近家庭亲人的距离。有了手机,你可尽一切精力去工作和学习,无论家人离你多远,只要一个电话、一个视频,你就可以知道父母的近况;无论在何处,你都可以通过手机掌握孩子的学习和生活动向。

二是工作的帮手,随时随地完成公务。微办公成为当代职场的常态,微信会议通知成为办公常态,工作任务也可以通过手机载体来完成,与云数据相关的信息处理、指纹扫描、人脸识别已经成为大量上班族每天必须经历的打卡工作环节;Wi-Fi和卫星通信技术则允许使用平板电脑和智能手机的异地公司开展清晰流畅、实时保密的视频工作会议……

三是交友的助手,不用远行就可以及时问候朋友。“我住长江头，君住长江尾，日日思君不见君，共饮长江水。”写的是距离使人不得相见的思念和痛苦。现在很少有人写这样的诗了，谁想起谁，如果没有时间去看看对方，只要轻轻拨通随身的手机，一切就都迎刃而解了。古代人每一次离家都是生离死别，因为离开家就意味着几乎断了联系，生死未卜。今天，想看父母了，微信视频；想回家了，直接在手机上查询、购买飞机票、火车票。手机上一键搞定，节省了时间和空间，增加了记忆和知识，间接地极大地提高了我们生存的方便感和快感，也可以说极大地延长了我们的寿命。这些可能就是智能手机带来的最大的影响。

四是“危难之时显身手”，堪称贴身保镖。每个人都不能预测自己的安危，有突发事件时，手机成了我们向外界传达信息的最好工具。

五是消除交往困境，缓解冲突和矛盾。任何人都会有一些人际交往中的困惑，有的问题会产生当面交流的窘迫。这时就完全可以利用手机的功能，比如可以先发个短信问候一下，再打电话婉转地用抱歉的语气表明心迹。这种方式往往比登门拜访要好，手机在人际交往中充当了调停的“第三者”。

六是能委婉地拒绝他人，不失友情和面子。在工作和生活中，常常会有人提出请求甚至过分的要求，如果当面拒绝，会让对方失去面子，感到尴尬。于是通过手机婉拒就成了较好的方式，婉转的语言表达，简单又不失双方的尊严。

七是向所爱的人表达情意，言语和文字尽在其中。手机在爱人之间的利用频率最高。只要是有手机的人，和爱人交流的第一方式就是手机,通过手机的言语和文字传递,修成“正果”的情侣可能已经不计其数了。

八是识云看天气,规划自己的行程。以前,想要知道天气预报,一般从三个渠道获取:电视、广播和报纸。如今只要打开手机,当天的“风云世界”会立刻展现在你眼前,你就可以提前安排自己的行程。

九是现场取证,智能定位显身手。手机有录音、照相、录像、智能定位等功能。想到什么地方去,智能定位成为我们的好向导;生活中出现法律纠纷,手机成了很好的现场记载设备。它微小的身躯和不引人注目的录音功能,都能在一些特殊场合大显身手。

十是在生命的最后时刻,实现表达情感的愿望。很多人希望在生命的最后一刻把自己想说的话说完,这是人们对自己亲人的一种深厚的情感倾诉,但并不是人人都能实现这个愿望,特别是对于其亲人,也许就成了一生的遗憾。手机的出现让人们终于能够圆满地实现自己最后的愿望。

这位网友有些黑色幽默和搞笑,但想想看,他是不是说出了人们日常体验中的一些手机福利?

如今,手机成为青少年群体的新宠,就是因为他们可以根据个人兴趣,接触志同道合的人群,并组成新生代的“手机部落”。

第二节　智能环境中的屏生态

你知道吗？

以微信和QQ为代表的即时通信工具已经成为年轻人的主要手机应用。智能移动媒体的用户、内容和服务间的连接越来越强大，即时通信平台上庞大的用户流量的赋能和迭代，使青少年的手机部落文化占据了主导地位。“90后”“00后”的智能移动文化已经与“70后”“80后”的智能移动文化有了明显的区隔。每一个青少年群体的代际间隔越来越小。比如，原来有人说两年是一个代际，现在又有人说可能是一年，或者一个月，甚至一个星期。

一、智能生存：低头的奇妙

智能手机等移动设备的最大特点是助力智慧生存。当代的智慧城市、智慧地球建设，都离不开这掌上一屏。马云说，智能手机不仅仅是新媒介，还是一种新能源。人工智能和相应的互联网是将来最重要的基础设施。他认为，数据将像以前的水、电一样，成为基本生产要素,成为驱动未来经济和社会发展的新动力。对移动互联网用户来说,手机是进入万物皆媒的智能社会的入口。

未来的移动互联网生态将以传播为介质,配置政治资源、经济资源和文化资源,并对社会生活整合再造。手机传媒是其主要杠杆。手机媒体进一步深化了全媒体发展进程,开启了万物皆为传媒的新时代。能量、物质、信息,这三者是构成世界的基本要素,且无所不在。智能手机把这三者整合在一起,联通了整个世界,实现了“万物运于一掌”的奇妙魔术。

随着移动互联网的高速发展,手机的功能从最开始的接电话、收信息,发展到可以观看视频、阅读文章,再到现在的购物、办公等等,从单纯的社交工具演变成了几乎涵盖生活大小事的必备工具。

调查表明,2016年,我国网民使用率最高的几个手机App类型分别是即时通信、网络新闻、网络搜索、网络视频、网络购物和网上支付。

2017年7月发布的第40次《中国互联网络发展状况统计报告》显示,2017年上半年,我国个人互联网应用保持快速发展,其中网上外卖和互联网理财增长最快,半年增长率分别为41.6%和27.5%;网络购物仍保持较快增长,半年增长率为10.2%;手机外卖、手机在线教育课程用户规模增长最为明显,半年增长率分别为41.4%和22.4%。另外,火热的共享单车用户规模已达1.06亿;网络直播用户达3.43亿,占网民总数的45.6%。

当前,智能手机的功能急速拓展,集通信、社交、手游、资讯等等模块于一身，几乎可以满足人们所有的信息和交往需求。一方面是智能手机的普及化、廉价化，积累了庞大的用户基数；另一方面是各式移动应用迭出，并千方百计不断强化着用户黏性……一个值得关注的现象是，不少 App 都存在着明显的“时间奖励”设计，使用者留滞时间越长，使用频率越高，便越会“得利”。

由于缺少风险提示或类似防沉迷机制的设计，各式 App 几乎在毫无底线地侵占用户稀缺的时间与注意力资源。这在移动应用产业发展初期，是难以避免的。

同时，智能手机为人们的公共生活和公共空间提供了有效的技术支撑。手机微信和 QQ 是当前网络社交的最热门应用，把手机摇一摇，就可以和周边的陌生人交上朋友，二维码扫一扫，就可以进入好友群。便利的群体性交往，可以较好地满足人们的社会需求，扩大人们的交往空间。

利用手机刷微信，可以找到很多有相同兴趣的朋友。微信形成一个个朋友圈子，在圈子中人们可以畅聊自己的兴趣和爱好，可以找到温暖，可以纵览天下一切大事小情。但是，这种趣味的自我设限，这些信息的朋友圈过滤和筛选，得到的是坐井观天式的局部世界，碎片化的拼接生活。画地为牢成了微信的软肋。相对于微信的“圈子化”强关系交往，微博是一种更具公共空间性质的传播工具。通过微博实现信息的公共传播，形成与社会对接的大众传播效应，由此形成信息的即时快速流动；通过信息和意见的广泛交换和相关议题的设置，寻找社会共识的公约数。应该说,信息和意见的流动是保持社会健康和活力的关键所在。微信和微博的相对分工、对流和互动,为人们的交往空间和公共空间的扩展,提供了新的有效通道。

二、智慧植入:低头的奇迹

智能手机的普及,以及其后台推送的海量的信息,包容万端的交流和知识互助,可以成为人们吸收新知、普及文化、提升能力的有效载体,开启了全民教育和终身学习的全新通道。对青少年来说,智能手机的亲和便利,特别是手机摄影和社交互联的发展,营造了一种更加生动的在场感、形象性和趣味性,是他们自我教育、自我组织和自我发展的有效工具。

一是促成教育的全域化覆盖。移动互联网提供了大量新信息、新知识,大至世界政治风云、国家的战略决策,小至日常生活中的人和事。这些信息成了学校教育的重要补充,开阔了学生的眼界,活跃了他们的思维,对理解、掌握学校所传授的知识、理论、法则、定律等,是极有帮助的。同时,全媒体的音、像和文字信息所营造的视觉文化,为充实、丰富青少年的精神世界提供了形象的材料。

二是推动价值观念的现代化扩展。互联网和移动互联网高效、快速、轻质化、个性化和家常性的交流方式与当代青少年追求独立的特点相吻合。青少年可以通过手机与现代传媒高度黏合、无缝连接,使自己在学习和工作的重压之外,获得更广泛的空间。广泛而多元的信息资源和知识资源,可以极大地开阔人们的眼界,启迪人们的思维,经过网络“启蒙”,青少年的视野、心胸会与以往完全不同。在这种“接触”过程中,开放性眼光和世界性视野不断形成。各种文明的不断交融、碰撞,能够更好地促成与社会变革和经济发展相适应的现代价值观念的形成,是促使人由传统人向现代人发展的重要因素。

三是输入青少年的社会化的积极能量。社会化是个人对社会的认识与适应过程,个人掌握社会行为规范、准则,并内化为行为方式、成长经历。移动互联网带来全新的时代价值,在广泛交流和对话的网络空间,各类丰富的信息和知识让青少年更全面多层次地了解社会,体悟与时俱进的时代价值,越发意识到自己角色的社会性,渴求全面发展自己的个性,加强与同辈人的交往。智能手机与大数据、云计算以及多元全媒体的结合,打开了青少年的视野,为他们独立意识的发展提供了良好的基础,有利于培养他们独立分析、解决问题的能力。

四是有利于创新思维的形成。前互联网时代,以书刊文本构建的文化,以线性思维为主,线性思维方式强调事物的一维性顺序。这种思维具有逻辑性、连续性、深度性,是经验性学习的主要手段,是人类文明传承的基本方式。但是,线性思维也有自身的问题和不足,即比较枯燥,存在对奇思妙想的压抑,对创新思维的制约。非线性思维以碎片化和灵感迸发为基础,允许天马行空,恣意发挥奇思妙想,在一定程度上能激活创新思维。可以说这是一种以感性为基础,想要怎样就怎样的轻松、随意的思维方式。这种思维方式固然有其弊端和制约性,但却是与人类的快乐思维最贴合的。

网络空间是一个超文本、拼贴式、全媒体的信息与知识构架。浏览和阅读的超链接、跳跃性的非线性方式;在面对和思考问题时,偏重于多面联系、对比的综合性思维方式,形成一种网状的闭环,反馈比较及时,以发散思维、综合思维和逆向思维的多元混合为特色。可以消减传统的线性思维单一、狭隘、固化的不足,能用全面、多维的眼光系统地认知世界,多侧面、多视角地看待问题,以开放性的视野观察自身和外在,激发多方面深入广泛探索的兴趣和热情,并乐于和善于利用现代化工具去分析问题、解决问题的思维意识,而这恰恰是创新创业时代所必需的。

五是有利于创造能力的发展。青少年是网络原住民,移动互联网本质上是年轻人的工具,也是青少年创新和创业的热土。国内互联网和移动互联网企业的成功崛起,成为当代中国最激动人心的励志故事,如 BAT 的大巨头李彦宏、马云和马化腾,成了青少年的榜样。网络创业的成功故事、网络平等的时代足音激励着青少年积极进取。知识与创造力的重要性已越来越深地植根于青少年的心中。网络上的信息知识丰富、鲜活、新颖。人们在这种浩如烟海的信息知识空间中,不再看重博闻强识,最重要的任务也不是获取已知,而是站在巨人的肩膀上去创造和运用新知识。

同时,青少年群体可以在微信朋友圈里自由地表达个性,利用各种流行的网络新语言开展人际交往,展开协商性学习,在冲破传统文化的条条框框的同时,增强自己的创新能力。移动网络有利于激发青少年的创造性活力;在打破了传统的固化的创业结构的过程中给青少年的创造性发展带来广泛的机遇。

三、智趣交往:低头的奇遇

人工智能时代,万物皆媒,万物互联。一辆公交车的车身、一个矿泉水瓶子,都可以成为传播介质。目前,与人们最贴近、最便利、最亲和的媒体就是随身携带的手机,它又被称为人的现代性器官。

“使用与满足理论”认为:人们接触、使用传媒的目的都是为了满足自己的需要,这种需求和社会因素、个人心理因素有关。关注用户,满足用户的需求是移动互联媒介存在、变革和发挥功能的前提。

移动设备会给人们带来三个“A”:Accessibility(可获得性)、Affordability(可购性)和Anonymity(匿名性),以此带给人极端的便利。智能手机的强大后台,能够提供人们所有阅读和运用所需的内容。

通过简易便捷的前台和功能强大的后台,智能手机能够很好地满足当前人们的需要,尤其是满足人们日益扩大的交往需求。其构建了巨大的朋友圈和交往圈,扩大了人们的生活交往空间。亲人好友、新朋故人,可以在一刹那间在指尖相聚;怀乡、忆旧、梦想、痴情、表演,都可以在这个小小的屏幕中展现;想要疯狂一把,尽兴一乐,手机都可以满足你;到了百无聊赖的时候,手机是你最好的陪伴。智能手机因此成为人类交流最便捷、最受青睐的工具。调查表明,与亲友保持联系是青少年使用社交网络的最适用原因,占比高达95.5%。人们花在手机上的时间很大一部分在社交媒体上。现代社交媒体的玩法,顺应和满足了人们多元化、立体化的交往需求。

首先,现代社会媒体提高了人们的碎片化时间利用率。当代快节奏的生活使人们在忙碌紧张的工作、学习、应酬中疲惫不堪,难得有零散的时间可以舒缓放松一下,而移动终端上碎片化的信息刚好满足了人们这一需求。其社交功能满足了人们随时随地与他人沟通交流的愿望,也为自我展示提供了最佳平台。

其次,现代社会媒体拓展了人们的交往空间。经典的“六度空间理论”认为,你与任何一个陌生人之间所间隔的人不会超过6个。如今,你与特朗普的距离仅仅是一个推特账号。移动网络和终端软硬件的发展,史无前例地改变了人们的社交模式和生活习惯。智能手机的存在本身就说明技术对人们工作、生活的改变,对各种社会结构的重组,同时这种重组依赖于人们的态度、人们的意愿和人们的情景性知识。

最后,现代社会媒体满足了人们平等交流的需求。美国皮尤研究中心在一项报告中指出,大多数手机社交网络使用者的社交圈，要比那些从来不接触网络的人丰富两成。现在，只要轻触屏幕，你就可以交到挚友、互换观点、学习新知、申请工作。你还可以逃避当下困难的现实，找到新的自我安慰和疗伤栖身之所。手机使我们能以前所未有的轻松和简便的方式进行交流。在微博、微信、QQ空间中，没有地位、等级的差异，草根性和平等性是其最大的特点。通过手机，全世界的人可以无障碍地沟通。这种现实语境打破了过去自上而下的灌输、宣讲等交流方式。草根性的平等协商、平等参与，给予了人们巨大的心理解放、快乐和自由。

第三节　桃源梦境中的屏镜像

你知道吗？

人类学家罗宾·邓巴早在20多年前，根据人类大脑新皮质的厚度，提出了非常著名的“邓巴数字”，即“150定律”——150人是人类大脑建立彼此相熟的社交关系的上限。

一、休闲娱乐：低头的闲适空间

快节奏的生活，紧张的学习和工作，使现代人太忙、太累，有太多的生存压力。而人又是天性爱玩的动物,休闲、游戏、娱乐是人们放松压力,缓解困顿,为重新出发集结能量的加油站。手机为人们提供了最易得的休闲娱乐方式。大部分低头族尤其是青少年低头族,就主要用手机玩游戏和娱乐。

智能手机还可以让人们有更多的空闲时间,如学生就可以在上下学的公交车里用手机上网查资料,写家庭作业。

网络上的时空穿梭和瞬间转换,给人们的生活带来非凡的愉悦和无尽的快意。网络化语言、网络化速度、网络化分享等等,造就了一个新的青春化的空间,使生命被拉长,生活的内核更加充实。网络社交成为青少年首选的社会交往方式:青少年用以微信为代表的强关系社交增加自己与亲友间的亲密感,缓解成长过程中的孤单感;用以微博、论坛为代表的弱关系社交媒体分享信息、表达意见、传达情绪、展现自我。

社交网络成为青少年网络流行文化的核心平台,尤其是二次元文化占据了青少年网络流行文化的半壁江山。二次元世界是青少年幻想的乌托邦,被用来打发时间、释放现实压力、结交同好、获得成就感以及参与文化创造。三维世界是真实的世界,但吸引青少年的却是三维以外的世界。二维世界中的动画(Animation)、漫画(Comic)、游戏(Game),一点五维世界的轻小说(Light Novel),二点五维世界的角色扮演(Cosplay)等,均深得青少年喜爱。

西方的一些媒体认为,中国人对手机有这么高的热情,低头族现象比一些发达国家严重,是因为中国人的经济状况不够好,休闲娱乐设施不够多,公共文化设施不够健全。没地方玩,没有经济实力去购买更好的休闲服务,所以只能以相对廉价的手机来进行替代性休闲娱乐,比如最突出的手机使用群体:农民工。这些说法是荒唐的,但也反衬了一个问题:手机在人们的休闲和娱乐中的确占有重要地位,是当代中国人数字狂欢的一个缩影。

二、安顿心灵:低头的诗意空间

智能手机不仅带来了新的生存空间、交往空间,还塑造了一个心理空间。人们迷恋智能手机,除因其在生活上极端便利,在社会交往上有极大包容性之外,更多是因为它能够满足人们的心理需求,尤其是青少年的心理需求。

在快节奏、加速度的现代生活中,人们的生活被轻式化、格式化了。每天按部就班地执行某种既定流程:上班、下班;上学、放学。身体和精神处于一种高度紧张状态,单调的生活,辛勤的劳作,沉重的学业,日积月累,人的生存维度被窄化为一元,人的价值被削弱。深切的迷茫与外界的嘈杂、紧张隔离,人们在自我建构的狭小空间里找寻自身的价值,用玩手机、上网等低能耗方式获取宁静,热衷于追求依托于符号的存在感与自我价值。

一是寻求自由的心理需要。在网络上自由翱翔,享受自我的高度释放,是低头族们普遍的感受。青少年处在自我意识快速提升的重要时期,青春历险和青春叛逆是其主要特点,自我意识的飞速发展让他们觉得自己应该像成人一样自己做主,去体验更多的自由。但在现实中,他们感受到的自由度较低:在学校,各种规章制度把人管得严严实实的,除了学习,其他事情都是异端,不能越雷池半步;在家里,父母做主,学习的好坏是唯一的奖惩标准。在学校和家里都没有发言权,怎么办?去上网,在网上“我的地盘我做主”。网络的开放性、匿名性使他们享有高度的自由。

二是寻求心理抚慰的需要。现代社会是一个流动的社会、陌生人社会,人们普遍感到孤独,情感世界封闭,心理压力巨大,渴盼释放压力,抚慰心灵,宣泄情感。网络给他们提供了一个全面的发泄口。青少年在这方面的需求更加突出,他们的情感世界比较丰富,而且不够稳定。一方面,青少年感觉敏锐,对周围的相关事情往往很在意。与他们接触最多的教师、家长很多时候难以成为他们贴心的朋友,反而是他们产生压力感和挫折感的重要来源,这迫使青少年不得不寻求其他出路。他们希望有一个真正属于自己的空间,可以与同龄人进行沟通,宣泄内心的苦闷。另一方面,随着离婚率、犯罪率的升高,单亲家庭、问题家庭也在增多。这些家庭的孩子在家通常得不到温暖,而在网上却可以随时找到很多温情快乐的避风港湾。现实生活和虚拟社会的反差,很容易让问题家庭的孩子躲进网络。

三是“自己人”的沟通需求。低头族在网络社交性活动上花的时间最多。从社交媒体的功能来看,“自己人”的沟通和聚合是其主要功能,微信、QQ都是自己人的圈子,是自己人的共振,是满足交流、沟通和理解的需要的最便利载体。

青少年正处于闭锁与开放并存的心理矛盾时期,从家庭走向社会,人际关系成为十分敏感的问题,他们常常处于矛盾之中。一方面,他们不愿轻易敞开心扉,沉浸在自己的世界中,比较孤独、敏感。另一方面,他们渴望同人们交往,传达自己的心事,展现自我形象,希望引起别人的关注,得到别人的理解。二者常常产生难以排解的矛盾。不少人缺少人际交往经验,不知怎么与周边的人相处。怕没面子常常是青少年产生苦恼、压力和挫败感的重要原因。他们很想找到能与自己沟通的志同道合的朋友,通过坦率无忌的交谈缓解心理压力。因此他们往往通过网上交友来弥补现实中的缺失。

四是表现和张扬自我的心理需要。如今,通过网络世界引起人们的关注已不是什么新鲜事。相伴而生的是粉丝文化的流行和网络红人的此起彼伏。移动网络给人们每日的生活提供了充分的自我表演舞台,推送着自我表现、自我表演的神话般的快乐。表现是社会人发展的途径,是青少年社会化过程的催化剂。青少年的内心有很强的表现意识,他们随时随地寻找表现的机会,渴望在各种活动中丰富自己的精神世界,锻炼自己。他们渴望被注意,被重视,同时他们强大又敏感、勇敢又怯懦、高傲又自卑的矛盾心理使他们的表现欲不能在现实生活中得到满足。社交媒体的出现恰恰解决了他们的这种矛盾心理。在网上,他们可以尽情地表现自我,把自己包装起来并推销出去,尽力引起网络世界的强大反响和认同。当他们收到点赞、跟帖、回应的时候,这种自我表现的欲望、激动和惊喜就更强了。

三、穿越历险:低头的盗梦空间

人们对未知的向往,似乎比对眼前人和事的兴趣要大。很多人乐此不疲地刷微信、看新闻、发微博,这与现代人普遍的社交饥渴症有关,也与想介入他人生活的欲望有关。手机带着现代人开始这种向远方和未知的游历,满足了人们内心深处的梦幻和渴望。

一是网络所构建的虚拟世界消减甚至遮盖了与现实的幸福感落差。网络社交可以让人们游走于梦境与现实之间,可以掩饰自己在社会地位和人际交往能力方面的欠缺,让人感受到更多自主权和控制权。在便利轻松的交往情境中获得更多的幸福感和成就感。因此年轻人更倾向于通过智能手机这种便捷的社交方式与外界沟通。

二是在网络构建的虚拟世界里,青少年可以扮演各种角色,尝试体会不同角色的生活感受,体验一些在现实社会中难以达到的感觉。这与网络环境缺乏情景线索,具备匿名性和弹性同步的特点有必然关联。一些在现实中很难操作的事情,在虚拟环境中却变得相当容易。而且,由于网络行为的匿名性、可逆性等特点,青少年常常能收获更大的主观幸福感。在虚拟的网络环境里，他们可以尽情发挥自己的想象力，发泄不愉快或被压抑的不良情绪，表达在现实中无法实现的埋藏在心灵深处的情感。

三是在虚拟世界中，人们可以获得更多的自我认同感，形成物以类聚、人以群分的集合效应。在移动互联接触行为中，人们会形成一种重聚的渴望和行为取向。追求群体归属是人与生俱来的特性。重聚是人们在过度离散和隔离化的当代生活中，在追求个性的同时，再出发寻求群体归属的体现。

智能手机等终端构造的虚拟社会，已经成为集体意识的存在空间，形成了传播和交往模式的圈子文化，提升了动员模式的网络化，还能产生极其强大的社会正效应。首先，在参与中形成公民身份认同，改善公民政治品格；形塑公共精神，孕育公民有序参与的能力内核。其次，通过网络媒体传播特质的改变，增强共识的可达成性，保证公共信息的可获得性，推动公民公共论坛的可进入性，进而创设公民有序参与的理性前提。再次，网络媒体能够给予各传播主体合理地位，实现原子化个体的聚集；聚焦公共兴趣，产生离散民意的黏性；激发议程设置，推动各类议题的融合，进而推动民意聚合，生成公民有序参与的动力来源。

四是虚拟世界能够更好地满足人类与生俱来的好奇心。好奇心是人们需要的一种表现形态，是带有情绪色彩的认识倾向。互联网文化与传统的、成年人占据主导地位的、向经验学习、“向后看”的文化不同，是一种积极主动探索未知的“向前看”的文化,是年轻人占主导地位的文化。智能环境下的新媒体发展,唯一确定的就是其巨大的不确定性,是一种向未来学习的新的文化。通过智能互联和社交活动,人们可以尽情在无边无际的虚拟空间中游历探险,获得无穷无尽的乐趣。遇事喜欢探索,越新鲜的事越想亲自尝试,这是青少年的特性。他们思维活跃,能更快接受新事物,求知欲、求异欲、好奇心强。而互联网以其庞大的信息量、丰富多彩的内容吸引着他们。在好奇心的驱使下,他们会极力展示自己的智慧和探险精神,越是难进或是不允许进的网站,他们越是喜欢去冒险,从中感受到极大的满足。

讨论问题

1. 你身边有低头族吗?说一说他们的表现。

2. 你同意手机是把双刃剑吗?请举例说明。

3. 你有多少微信朋友,你信任他们吗?

4. 你喜欢爸爸妈妈不停地玩手机吗?

5. 你利用手机读书或学习知识吗?

第三章

爱与痛：低头族的A面和B面

主题导航

❶ 低头族的生存风险

❷ 低头族的魔鬼之约

❸ 低头族的苦乐年华

好莱坞动画大片《机器人总动员》描述了公元 2700 年的科幻场景。在片中，低头族也是一个显著的存在，人们由于过度沉浸在智能设备中，都变成了头部巨大、四肢萎缩的胖子。每天都面对电脑屏幕，除与屏幕交流对话外，他们不善于与人面对面交流，离开智能设备就无法生存。

虽然这只是对人类在未来智能世界里“退化”的一种猜想，但的确是一个警示。智能手机带来的负面作用是明显而严峻的。有人说手机是吞噬人的时间、智慧、生命活力的妖怪。它总是在人们不经意的时候，在人们迷恋的时候，让人们付出生命、健康、金钱和时间的代价。太阳很温暖，阳光和雨露是人类生存的根本保障。但是，只有与太阳保持合适的距离，太阳才是美丽和温柔的。如果离太阳太近，会被灼伤，甚至被毁灭。

第一节 低头族的生存风险

你知道吗？

2016年浙江省公安厅统计数据显示，当年该省因交通事故死亡4187人。其中，因开车时使用手机等导致的交通事故死亡1855人，占交通事故死亡人数的44.3%。

开车时使用手机，严重分散注意力，使驾驶人反应速度降低，而开车时看微博、刷微信朋友圈更危险。

欧美一学术机构研究表明，开车打电话导致事故的风险比通常情况下高出4倍，其危险程度与酒后驾驶一样严重，甚至在结束通话后的10分钟风险仍然很高。

有人说，使用电话免提功能或者戴上耳机总没问题吧。这种想法是错误的，该研究表明，无论哪种打电话的方式，分散注意力的结果是一样的。使用免提和耳机都要占据人的听觉系统注意力，进而影响驾驶人对路况的关注，因此与其他通话方式在引发事故方面基本上没有差别。

一、盲视的低头:威胁人身安全

随着智能手机普及,低头族成为一种世纪景观。公路上、大街上、地铁和公交车厢内,到处都是低头者,他们手里拿着手机,手指在触摸屏上来回滑动。一心一意低头看手机,心无二用,导致眼睛看不到周边的环境,这就形成低头族最大的病患——选择性盲视,给人的生命和健康带来巨大的风险。

首先是对生命安全的威胁。在地铁车厢内看看手机还是可以的,但是有些行人在走路时也沉浸在屏幕之中,这最容易导致交通事故,世界各地已有不少因此酿成的惨案。其他如看手机挂树撞墙,摔倒在地,甚至跌落到地铁车道中的案例,不胜枚举。

美国一份研究指出:边玩手机边走路,平均速度会减慢16%至33%,导致向左右观看的概率减少20%,遭遇交通事故的概率增加43%。日本也有研究显示,盯着手机的行人,平均视野只有正常走路时的5%,大脑也会减少接收周围环境的信息,使得事故发生的概率大幅增加。

那些马路上的低头族,正是马路杀手(车祸)最亲密、最好的帮凶。在公交车上玩游戏,等红灯时看微信,过马路时刷微博,这些不分场合、随时随地玩手机的低头族,被认为离魔鬼最近,生命的风险最大。由于低头而频繁引发的车祸,引起了人们的关注。交警称,街头"低头"已成马路安全的新生隐患。

"真拿这些低头族没办法,尤其是在冬天。"说起低头族,作为

“有车一族”的田先生有些无奈,“在一场降雪后,路面本来就有些湿滑,我们开车都得小心翼翼,但还是出了让人后怕的一幕。当时,我行驶在家门口的人车混行道上,车前方有一名年轻人,头上戴着大帽子。因为道路比较窄,我怕从他旁边驶过时会蹭着他,就用灯闪了一下,见他没注意,又轻轻按了两下喇叭,还是没反应,最后只能长按喇叭鸣笛。经过他身边时,我特意放慢速度看了一眼,只见这名年轻人耳朵里塞着耳机,手里拿着手机。要是不小心的驾驶者碰上这样的低头族,后果不堪设想。”

在马路上玩手机危险,在地铁、公交车厢内玩手机也有危险吗?答案是有。有统计显示,乘客中乘车坐过站的,在车内被偷的,一大半是低头

资料链接

2009年,美国心理学教授艾勒·海曼做了一个实验。他让一位小丑骑着马戏团的独轮车在大学校园里“招摇过市”,正在看手机的行人中,75%没有注意到小丑的存在。海曼将这种现象称为“非注意盲视”。

资料链接

2016年1月10日,在郑州新世界百货商场前,一位妈妈带两岁半的儿子出来玩时,儿子遭一辆现代SUV车碾轧头部致死。据目击者称,当时妈妈在前面看手机,儿子跟在身后,一眨眼工夫便出了事故。

族。2014 年的台北捷运随机杀人事件给人们敲响了警钟。当时，21 岁的行凶者拿刀对车厢内的乘客进行无差别刺杀。当他用刀刺人时，不少乘客还在专注地玩着手机，根本没有意识到危险的来临，一些乘客就是在毫不知情的状态下被刺伤的。事后，一位习惯以捷运（地铁）为日常交通工具的台北市民刻意选择最后一节车厢，他表示平时上车后一般只顾玩手机，现在不会一味当低头族，而是会注意周围的动静。

二、冥顽的低头：危害身体健康

长时间面对屏幕，导致青少年生理机能失调、内分泌紊乱、神经系统正常节律被破坏。据有关专家介绍，头部重心经常前倾，容易导致脑供血不足，降低反应速度，增加脑癌患病率，同时易出现颈、肩疾病，造成驼背、斗鸡眼，尤其影响年轻群体的身体发育。在长时间低头看手机或移动设备的青少年中，30% 患有缺铁性贫血、近视，脊椎及身体其他部位的疾患也明显偏多。

医学专家认为，长期低头、过度使用手机对身体健康的危害突出表现在以下几个方面。

1. 承受的辐射量大，危害身体机能。专家指出，手机辐射对人体危害最大。首先辐射直接影响人的听觉和视觉系统。在手机接通的瞬间，辐射对耳朵影响最大。每天接听手机超一个小时，会对耳朵造成不可逆的损伤。此外，手机接听中产生的电磁微波会损伤眼球的晶状体,破坏细胞连接功能;手机辐射会刺激大脑导致神经紧张,影响睡眠。手机的电磁辐射有吸灰的能力,长时间近距离接触手机会使毛孔被浮尘堵塞;触屏手机上的细菌和病毒数量是洗手间的数倍,如不注意清洁容易传染各种疾病。

2. 严重损伤视力,容易使人衰老。长期低头,除了影响视力外,还很容易引发白内障。此外,长时间处于过热的环境中,会使眼部黑色素增加,这会让人看起来老10岁以上。长时间玩手机容易使血液流向眼睛,导致眼部结膜血管的轻度充血,甚至诱发结膜组织的慢性炎病变等。长期盯着屏幕,会导致眼睛干涩和视力模糊、头痛等问题。手机上不断变换的光影对眼睛

资料链接

5岁的玉玉是一个标准的低头族。“她每天都抱着平板电脑至少两个小时,怎么说都不放下,要么就是看动画片,要么就是玩上面的游戏。只要我和她爸不让她玩,她就开始哭得‘惨绝人寰’,就像我们虐待她似的。”玉玉的妈妈李女士说,“现在小小年纪,视力就已经下降得很厉害了。前两天我带她去测视力,一个5.0,一个4.8。《喜羊羊与灰太狼》《熊出没》,还有维尼熊的‘超级侦探’系列,她看得台词都会背了,还是要看。”李女士表示她也跟自己身边的其他妈妈们交流过这一现象,结果发现家家的孩子都如此,不让玩电子产品就大哭大闹,家长对此也束手无策。

造成持续的刺激和损伤，容易导致各种眼科疾病。

双下巴是衰老的标志之一。当下，青少年低头族的双下巴问题引起了医学人员的注意。双下巴产生的最主要原因是肥胖和年龄增长，但低头族是否也容易出现这些衰老性的双下巴呢？原来长期保持同一姿势，低头看手机，血液和肌肉组织压力会导致脂肪分布异变，这种双下巴被认为是青少年低头族早衰的重要标志，专家认为年轻人的“数字早衰”问题应该引起警惕。

3. 易造成驼背和颈椎病。低头族最明显的症状是颈、椎、肩的疾患。低头族长期低头看手机，姿势僵直不动，会导致颈椎长期紧张和劳损。长期的颈椎压力辐射到肩膀和头部，会导致颈椎病、肩膀

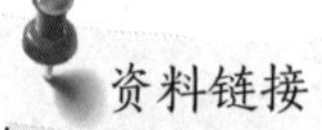

韩国全南大学医院眼科研究组面向7—16岁患有急性内斜视的12名青少年进行了调查研究。结果显示，长时间且近距离使用智能手机与患内斜视有很大关联。内斜视主要指一眼或两眼的瞳孔经常向中间倾斜，通称对眼或斗鸡眼。

资料链接

研究表明，低头玩手机会给脊椎增加27公斤的压力。为此，有人设计出了把孩子们从屏幕前引开的玩具，防止人低头的餐桌等。不过，这可能也无法阻止现在的年轻人对智能手机的依赖。

低头族的模样,是“进化”还是“退化”?

肌肉劳损和驼背等疾病。长期用手指触屏,过度使用手指,也可能引发手指肌腱炎和弹响指(扳机指)等手部疾患。

从爬行转向直立,这是人类走向文明的关键性一步。而手机时代,人们低着头,弓着腰,伸着脖子,这很可能会让人类退化。

4. 刷手机成睡眠杀手,睡前拖延易致抑郁。公司职员小林睡觉前一定要把手机放在枕头旁边,房间灯一关,手机屏就要亮,否则她就不知道怎么睡觉。那睡前拿着手机干啥呢? “刷微博,至少刷几十页,不刷不满足。聊 QQ,在 QQ 群窥屏。要么看网络小说,要是碰到特别好看的,能一直看到凌晨三点。”因为天天夜里看手机,小林的眼睛总是很干涩,风一吹还会流眼泪,但她就是放不下手机,早上醒来,手机常常被压在她身下。手机成了小林的睡眠杀手,让她睡不安,坐不宁,她为此感到痛苦,但又欲罢不能,因此心情越来越差。小林的情形,是很多低头族的生活写照。

手机的丰富功能极具诱惑力,导致低头族日夜沉迷其中。很多人在本来应该休息的时间,还在不眠不休地刷微博、发微信、看视频、打游戏,打乱了正常的生活节奏,打乱了人体的生物钟,影响正常的新陈代谢,免疫力降低,从而诱发多种疾病。此外,过度沉迷于手机,剥夺了睡眠时间,导致工作效率降低。研究表明,即使是正常睡眠时间得到保障,也有风险。在睡前使用发光的电子产品一小时,会使随后的睡眠处于浅状态。

手机中含有砷、汞、镍等重金属,长期与重金属接触,人体容易引发病变。青少年使用手机时,大脑对手机电磁波的吸收量要比成人多60%。英国华威大学的杰勒德·凯都博士警告说:手机辐射会破坏孩子神经系统的正常功能,引起记忆力衰退、头痛、睡眠不好等一系列问题。

资料链接

一个小学生给低头族的倡议书

现在出现了许多低头族,可是低头族、手机族究竟是哪一族?

低头族、手机族原来是整天低着头的"民族"。他们为什么整天低着头呢?是因为一种不为人所知的信仰,还是……不过我认为这样很危险,我就亲身经历过。

那是一个风和日丽、阳光明媚的下午,放学后,我急匆匆地挤上了公交车,急忙拿出手机,迫不及待地开始大战三百回合,玩得那叫一个忘我。突然,司机一个急刹车,我的头重重地撞在杆子上。当时,两眼冒金星,白天怎么会看到满天的星星呢!一时被撞蒙了,没反应过来,等反应过来时发现头上已有一个大包。下车后,心还在怦怦地乱跳,这时才后怕。手机呀手机,你差点把我害惨了。

记得有一天,妈妈买了新手机,有些兴奋,抱着手机,坐在沙发上上网。低着头,目不转睛地盯着显示屏,手指时不时地滑过来滑过去,嘴在不停地喃喃自语。这就是手机的魔力!中午吃了点饭,又开始玩手机……就这样,一天过去了。晚上睡觉时,妈妈突然觉得颈椎疼、眼睛疼。看来手机既可以给我们带来很多方便，又会给我们带来许多伤害。由此，我倡议：

一、不在马路、人行道上玩手机，出了危险很可怕。

二、不在车上玩手机，碰碰撞撞很危险。

三、不在学习时玩手机，耽误学习人人忧。

四、不要全天玩手机，这样很不利于身体健康。

五、少在手机上玩游戏，网络游戏成瘾很难戒除。

六、不在重要场所玩手机，耽误大事，后悔莫及。

七、争取不当低头族，眼睛不好人人愁。

八、放下手机，和身边的人多交流，多陪自己的亲人。

告诉爸爸：您不用那么投入地关注过剩的信息；

告诉妈妈：家里的东西很多，不用再买了；

告诉自己：游戏仅仅只是虚拟世界，不要沉迷于它。

作为祖国的未来，我们一定要时时提醒自己，不要让自己成为手机的奴隶。信息固然重要，我们的健康更重要。

我倡议大家，赶快放下手中的手机，抬起你那低下的头，不要加入低头族、手机族这个群体。

三、沉浸的低头：造就“数码痴呆”

你在用微信聊天时是个活泼、轻松、充满乐趣的人，一会儿引出热门话题，一会儿说出搞笑段子，还会发出各种好玩的动图表情……你在微信群里活力四射,可是真正的你是啥样?此刻你窝在沙发的一角,你父母喊你吃饭,你就“嗯啊”一声,然后依旧保持着歪躺的姿势,固执地刷着手机。

母亲埋怨了一句,“这孩子,叫他吃饭都不理,是不是得病了?”家人的抱怨让你心生烦闷,你不耐烦地说着“来了,来了!又啰唆什么!”这才不情愿地挪步到餐桌旁,带着你依赖的手机。

以上这一幕可能经常发生在你自己和朋友的身上。

过度使用手机,不仅增加了生理健康风险,还会加大心理健康风险。医学专家认为,越来越多的心理病例都与智能手机有关。手机成瘾症会导致心理疾患甚至精神疾患。网络忧郁成为当代触目惊心的现象,在一些网友口中,这样的精神忧郁还有一个名字,叫“数码痴呆”。年轻的“数码痴呆”很有可能连自己或者亲戚朋友的手机号码都记不住,电话里讲的内容,往往挂完电话就忘得一干二净。东南大学附属中大医院心理精神科主任袁勇贵表示,长时间使用手机甚至会导致“老痴”(短时记忆丧失)等。

爱玩手机的人总感觉收到了新信息,时不时拿出手机查看,然而可能并没有什么新信息,英国人称之为“鬼信息”。这种数字幻觉也会侵蚀人们的正常知觉和思维,使低头族成为神经衰弱的易感人群。

专家指出,在人的大脑中,承担记忆功能的主要是海马体,其容量有限,大量无效信息和垃圾信息会削弱海马体的正常功能。如果碎片化的信息过度输入,如无数的微博、微信等,会降低大脑对有用信息的处理能力。

人们对智能手机的依赖程度加深,给那些专门致力于解决上瘾和情感问题的康复中心带来越来越多的患者。他们指出,移动互联设备正在让某些坏习惯变得更坏。

第二节　低头族的魔鬼之约

你知道吗？

韩国的多个部门联合制定了《2014互联网中毒预防及缓解推进计划》,并义务对韩国714万名小学、初中、高中生进行网瘾预防教育。这项教育非常严格,在训练中严禁学生用手机上网。除此之外,学生还要参加各项团体活动,如跑步和赛马等,有些学校甚至还会让父母陪同。

一、指尖“毒瘾”:网络游戏的痛点

英国学者罗伯特·伯顿说:“凡在上帝有一所庙宇的地方,魔鬼也会有一座礼拜堂。”

调查表明,青少年低头族的主要表现是上网玩游戏和交友,

尤其是上网玩游戏,这是被家长、学校和社会诟病最多,也是最让人担心的问题。在青少年中,二次元文化盛行,目前,通过手机看动漫、玩网络游戏的青少年人数比例超过了60%。当然,适当玩游戏是一种正常行为,电竞行业的正面示范效应让人们对游戏一边倒的批判和憎恶态度有了一定的转变。无论人们的态度如何,电子游戏特别是越来越占主流地位的手机游戏,已经成为青少年生活中的一部分。

一家大型研究机构调查发现,有手游经历的青少年对周围特别喜欢玩网游的人评价都很正面,一般认为"这些人能参加这些活动,比普通人掌握更多网络技术和新媒体技术,而且不计付出和回报"。可以看出,青少年对自己同伴的这些行为方式的评价非常正面,跟传统主流文化的评价不太一样。

美国学者麦戈尼格尔在《游戏改变世界》中把游戏解构了一番。在她看来,一个完美的游戏应该包括如下几个部分:目标、规则、反馈系统和自愿参与。她认为一款游戏成功的核心点在于反馈机制。

几乎所有的电子游戏,反馈机制都是即时的、可量化的。也就是说,对于玩家的一个动作,一定会有相应的奖赏反馈。比如,在游戏世界里,玩家读了一本书,角色智力立刻增长10点,快速的反馈让玩家成就感满满,欲罢不能。

而现实社会并不是这样。在日常生活中,没有那么即时的、可量化的反馈,尤其是学习和工作。中国有句老话:"十年树木,百年树人。”要想取得成就,需要付出很多精力和代价,几年甚至十几年也不一定能够得到成功的反馈。有时候,现实生活乏味枯燥的原因可能就在于此:很多事,并没有反馈刺激。尤其是一些学习成绩不佳,生活中有挫折的青少年,玩游戏成为他们获得成就感的一个好方法。

在我国还有具体的国情。一是独生子女居多,他们缺少玩伴,需要在虚拟世界中寻找玩伴;二是社会节奏逐年加快,青少年在应试教育中学习压力大,需要放松和宣泄。

电子游戏在很多人特别是青少年的生活中扮演着娱乐和社交的双重角色,背后的问题也不可小视。大量低俗、粗暴、色情的游戏情节,往往是游戏中存在的问题。有些网络游戏就是利用青少年自控力差的特点,设置大量让人沉迷的诱饵,以色情、恐怖、血腥为卖点,吸引玩家,扩大青少年消费群体。这不仅是当前网络游戏的痛点,也为社会安定埋下了“炸弹”。不良网络游戏中的飙车、砍杀、爆破、枪战行为极易诱使青少年产生暴力犯罪倾向,淫秽、色情场景极易刺激性犯罪行为,虚无颓废的游戏内容也会诱导玩家产生悲观、厌世和自杀等想法。

2017 年 5 月,国家网信办等有关部门提醒:发源于俄罗斯的“蓝鲸”网络死亡游戏,极度危险。这款教唆自杀的游戏过程极度黑暗,参与游戏者在 50 天内被蛊惑洗脑,或教唆他人自残自杀,或自己走上自残自杀的道路。当月,已发现 17 名俄罗斯青少年因加入“蓝鲸”死亡游戏而自杀。有媒体把“蓝鲸”游戏形容为

“电子邪教”。

当然,这是极端事例,但足以引起人们的警觉。游戏是年轻人的社交“货币”。当你周围的所有人都在玩爆款手机游戏时,你如果不玩,就要忍受“落伍”所带来的孤独。

多数青少年玩网游、手游,主要是为了打发时间和缓解现实的压力。不管学业有多重,他们还是挤出大把的时间玩游戏,用游戏释放压力,结交朋友,最终陷入沉迷,被手机控制。确实,智能手机为我们的生活带来了许多方便,然而,越来越多的人却因此成瘾。游戏开始占据人们更多的时间——上班偷着打,午休接着打,晚上熬夜打……不少人对手机游戏像着了魔一样,有些甚至引起身体或心理疾病,导致家庭纠纷。

2017年7月,《人民日报》、中央电视台、新华社连续、密集批评手机游戏《王者荣耀》缺乏社会责任担当,利用“成瘾性消费”赚钱,危害少年儿童的身心健康。《王者荣耀》号称“国民级手游”,月流水突破30亿元人民币,在移动互联网中日活跃用户突破1亿。玩家中,11—20岁的用户比重高达54%——1亿多的中小学生和大学生都在玩《王者荣耀》。这款魔力巨大的手游,连成人玩起来都欲罢不能,更何况玩心很重的青少年。由《王者荣耀》引起的孩子跳楼、离家出走等极端事件也不时在新闻报道中出现。处于知识学习和身体生长关键时期的少年儿童,若是长期难以自控地沉迷于其中,后果将不堪设想。此外,《王者荣耀》游戏中,“男必铠甲,女必大胸”,台词内容和人物设定歪曲传统文化,把历史人物和历史事件图解得面目全非。

手机游戏作为休闲娱乐产品，具有轻量、碎片性的特点，原本可以让精神放松，但有些缺乏自我管理能力的人因此耗费了大量的时间和精力。学者陶宏开甚至将游戏比喻成“精神鸦片”，认为游戏玩多了人便会沉迷、变坏。人们一旦沉迷于一款游戏，会陷入一种疯狂状态，用“食不甘味”“夜不成寐”来形容都不算夸张。对成年人来说，如果有三天都在打游戏，不去上班，对生活影响不算大。但对青少年来说，打三天游戏，不上课，或者沉迷在游戏中，即使上学也完全不在学习状态，对学习的影响则是非常大的。一旦遗漏的知识点过多，跟不上学习进度，就会形成恶性循环。

“不关注外界，不爱与人交流，昼夜颠倒，脾气暴躁，对人冷淡。”医学专家指出，这是大部分手游患者的共同表现。网游和手游者年龄多集中在 14—28 岁。严重沉迷于手游的人，人生观、价值观和道德观会受到很大影响，有的出现抑郁症、强迫症、焦虑症、性格分裂等。网络游戏的参与门槛低，谁都可以随时随地进入。青少年是网络原住民，对他们来说，网络就是一个现实世界，因此他们往往难以区分游戏与真实伤害的边界，轻易地就打开对现实世界伤害极大的“潘多拉的盒子”。这些严峻的问题和挑战需要我们清醒认知，积极应对，不能当作简单的青春病而听之任之。

二、手机“妖怪”:网络沉迷的诅咒

网络或手机成瘾对青少年的身心健康造成了严重威胁,是给很多家庭带来创痛的严峻问题,有人称之为“妖怪”。

(一)网络或手机成瘾的主要类型

网络成瘾有多种表现形态,如网络色情成瘾、网络交际成瘾、网络信息收集成瘾、网络游戏成瘾等。他们有一个共同的特点,就是过度沉迷而不能自拔。比如无休止地浏览色情网站、发布或传播色情信息;比如无节制地刷微博,用微信等工具交友聊天、发信息;比如每天强迫性地在网上收集无用的、无关紧要的资料等。这导致一些人行为失常、心理变态,不仅使自己成为问题人物,也给周围人的生活带来困扰和伤害。当前最让人痛恨和忧惧的是网络游戏成瘾。这是影响青少年正常学习和生活的第一杀手,是很多家庭悲剧的第一诱因。

美国“重获新生”康复收容中心所接待的成瘾者中,大约有95% 与游戏有关。

(二)网络或手机成瘾的危害

手机成瘾跟吸毒成瘾类似,很多人能认知其危害,但就是控制不住自己。当然,也有一部分网瘾者认为他们行为很正常,继续以这种方式躲避生活,躲避思考。

对青少年来说,网络上瘾症、网络孤独症的危害更加深重,是一种青春苦难。网络空间到处都是新鲜事物,新鲜事物、新鲜

迷失在屏幕漫游里的人生旅行

刺激总是诱人的。有人说,一旦手机使用成为生活的常态,或者手机游戏不再是什么新鲜事物时,成人对孩子的游戏恐惧也会消减和终结。但这只是一种猜测。现实中,手机游戏不断花样翻新,不断充填诱惑力,可能使人们陷入深度沉迷。游戏不是不可以玩,关键是要节制和适度。一旦过度沉陷,就会导致网络性心理障碍。这类患者分不清网络世界和现实世界的界限,缺乏社会性交往的意愿和能力。他们与时代脱离,与大多数人没有共同语言,在自闭与自卑中变得孤僻、情绪易变、狂躁、思维迟钝、生活懒惰、颓废,严重的有自杀意念和行为。这类症状在医学上被称为“互联网成瘾综合征”。一旦网络成瘾,很多人都无法自控,即使在心理上意识到要节制,在行为上也制止不了。互联网成瘾甚至会诱发多类心血管疾病和精神疾患,即使是深度的心理辅导也难以奏效,需要用多方面的手段进行治疗。

德弗勒和鲍尔·洛基奇在“媒介依赖理论”中指出,一个人越是依赖于通过媒介来满足需求,媒介在这个人的生活中所扮演的角色也就越重要。一方面,手机等新媒体的即时性、便捷性、娱乐性、共享性等特点,为青少年获取网络资讯和参与网络互动提供了便利条件。另一方面,青少年越是依赖于新媒体传播的内容来满足自身的需求,越容易产生猎奇心理,获得心理的伪满足。青少年中最常见的“手机控”“网络成瘾”“强迫刷屏”“零回复抑郁”等现象,正是媒介依赖问题严重的直接体现。

虽然智能手机确实在短期内能帮人们缓解焦虑情绪,但长期来看,可能会让这种情绪变得更加复杂。美国加利福尼亚州立大学心理学教授拉里·罗森的一份研究报告显示,对于重度依赖智能手机的用户来说,即便手里没有手机的时间只有短短10分钟,也会令他们感到焦虑。

"如果智能手机被人拿走,那么大多数(有重度依赖症的)人都会在一个小时内陷入极其焦虑的状态。"罗森说道。通常情况下,智能手机只是会让已有的成瘾症或情绪问题变得更容易发作,而不是导致这些症状或问题发生的根源。"他们会对自己手机上的色情内容或游戏上瘾,而不是对手机本身上瘾;就像人们会对赌博上瘾,但却并不是对赌场上瘾那样。"美国行为健康公司Elements的临床研发高级副总裁罗伯特·维斯说,"对于手机成瘾症或互联网成瘾症而言,目前还没有什么治疗方法。"

斯坦福大学2010年公布的调查报告表明,41%的被调查者认为遗失iPhone将带来一场"悲剧"。报告指出,依赖智能手机的后果可能与依赖酒精和药物一样严重。因为"在开车时发短信和在开车时喝酒都一样疯狂"。

他认为,判断是否成瘾的基本标准是,人们的行为是否会干扰其工作、家庭生活、信仰或生活目标,并带来负面的后果。"如果没有根本性的不足感,那么人们是不会上瘾的。"维斯说道,"成瘾的人都有一种需求,想要在另一个地方找到自己生活中没有的东西。”

越来越多的研究表明,“无手机恐惧症”是当今的一种典型现象。

第三节 低头族的苦乐年华

你知道吗?

社会学家韦伯认为,在现代社会,人们在享受理性选择和科技便利的同时,很容易被自己所创造的东西束缚,进入所谓“理性的樊笼”。这既是风险社会的一个缩影,又是现代社会的一个结构性困境。

一、掌上危机:荒芜的岁月

“哎,我的手机呢?”“都别动筷子,我要拍照!”“Wi-Fi密码是多少?”…… 这里面可有你的口头禅?如果有,那你基本可以确诊患上“现代病”了。2014年11月,人民网官方微博对低头族最流行的十大“现代病”进行了归纳。

这十大“现代病”为:选择困难症,强迫症,拖延症,备胎综合征，饭前拍照强迫症，外卖很快就到妄想症，重度手机依赖症，Wi-Fi依赖症，起床困难症和一厢情愿症。

该微博用幽默的方式对此进行了解释，比如，强迫症的临床表现为，出门之前摸口袋，嘴上念“咒语”：“手机钥匙钱包公交卡，手机钥匙钱包公交卡，手机钥匙钱包公交卡，手机钥匙钱包公交卡……”所谓的一厢情愿症，临床表现为总是自作多情，喜欢幻想。

爱因斯坦曾经就科技与人的关系有过一段论述，他说：“我担心总有一天技术将超越我们的人际互动，那么，这个世界将出现一个充满傻瓜的时代。”

青少年沉迷于智能手机，会导致青春荒废，岁月荒芜。这种青春悲剧是生命不堪承受之重。

心理学家迪皮卡·乔普拉博士指出，在社交媒体和智能手机上花太多时间带来的并不仅仅是时间方面的损失，研究表明，这么做会偷走你的快乐，阻碍孩子的发展，降低大学生群体的学术与社交潜能。

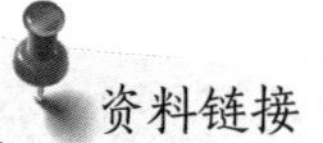

据联合国教科文组织的不完全统计，以学习为主要目的上网的中学生，美国占总数的20%，英国为15%，中国仅仅为2%。

我国某调查机构调查了家长对孩子使用手机的态度，发现家长给出的答案竟与相关研究结论类似。在回答“手机对孩子的危害，你最担心哪几点?”这个问题时,30%的家长选择“辐射影响健康”,24%的家长选择“沉迷于游戏或上网”,14%的家长认为会“影响他们的思维能力”。科学研究也显示,孩子过早使用手机、使用手机时间过长可能会产生手机依赖,对身心带来多方面的损害。

智能手机连接的是一个信息宝库,同时也是一个海量信息垃圾场,无用信息、虚假信息和有害信息的聚集地。信息过载容易造成学生思想和认知上的迷茫,剥夺了他们本该有的精彩美好的时光。

《纽约时报》一篇报道用戏谑的口吻称,学生保持注意力集中的时间不断减少,考试成绩不断下滑,全是这些“大规模分散注意力武器”(指智能手机和社交网站)惹的祸。一名读初二的学生说,他班上有同学每天躲在被子里玩手机,玩到凌晨2点多才睡觉,隔天上课没精神,被老师逮到;有次交作文,他们班4个同学交了一模一样的作文,“老师以为是相互抄的,最后发现都是用手机下载的,老师在家长群里很生气”。“‘60后’看股,‘70后’看文章,‘80后’购物,‘90后’及‘00后’玩游戏”,已经成为当前手机使用的普遍行为。

当手机成为孩子重要的交流媒介时,他们可能会心无二用,自主减少面对面交流的机会,从而导致越来越多的孩子性格变得孤僻、怯懦与偏执。研究表明,爱发短信的青少年性格比较冲动,做事急于寻求结果,思考问题碎片化、浅表化。如果长期沉迷在短信发送中,对人的成长不利,容易凡事只追求速度,忽略准确性和精确性，性格浮躁，缺乏耐心，缺乏坚持精神和思维韧性，对人的深度学习有比较消极的影响。长时间接触那些绚丽的画面，孩子习惯了从画面中获取所要的内容，而对今后要学习的文字和抽象知识产生规避心理，形成阅读障碍。

智能手机看似简单一屏，其实是个无底洞，在超文本的链接及强大的后台支持下，其内容无边无际。在屏幕上有无数的任务栏，使用手机会让人陷入一种持续的“多任务”状态。在这种情况下，人的注意力受到严重影响，思维不断被打断，大大削减了思考的能力。

现在的孩子们被数字设备、互联网环绕，让大人们感叹：童年时呼朋唤友，在外摸鱼抓虾，或者踢足球、跳房子

资料链接

如今，课堂低头族群体已经成为校园的一大隐疾。为了解决这一问题，全国已有多所高校推行“无手机课堂”，包括北京外国语大学、苏州大学、厦门大学嘉庚学院、江西科技师范大学、广西大学等。

河北师范大学信息技术学院则将教室中央第一排桌椅改造成了专为学生手机私人定制的“座位”，学生们进入教室后，将手机对名入袋。据学校介绍，为解决课堂低头族现象，防止学生上课玩手机，影响听课效果，实行“手机收纳、人机分离”的方案。学院为每个班配备手机收纳袋，袋上标明学生姓名和学号，上课前，将手机关闭或静音放入袋内，下课后自行取走。

的场景，已经不能在新一代的孩子们身上看到了。多少家长，给孩子配备了 iPad，取代了积木、连环画；多少学生，在放学路上，拿着手机，映得眼镜上一片荧光。诚然，科技带动了社会的进步，但我们无法推论玩 iPad 长大的一代人比玩积木、看连环画长大的一代人更有想象力，玩社交媒体长大的一代人比上一代人更会社交。

无论哪个年龄层面，沉迷于手机都会极大地影响生活和工作质量。低头族促成的人际关系冷漠症，严重时会导致工作和家庭危机。

资料链接

重庆一名三年级小学生涛涛写了一篇作文《爸爸看手机》。作文上说："我爸经常做的三件事是吃饭、睡觉、玩手机。""我爸可懒了，用玩手机逃避劳动。我妈一直在忙活，叫我爸干活，他就在沙发上窝着，举着手机，总说等会儿等会儿。然后我妈等得不耐烦了，就自己弄，到最后大部分活儿都是我妈自己干的。"就连给涛涛辅导功课，他爸爸也经常捧着手机说"等会儿"。"不管叫他干啥都是那一句话，等会儿。"曾想"报复"爸爸的涛涛，每天也会像爸爸那样刷朋友圈、聊微信，"不过我应该不会像他那样，毕竟我还有那么多课要上，还得写作业呐。"他的妈妈则在暗自担心："怕他哪天也成了熊孩子，给他爸拍个裸照发网上去。"

二、囚笼困境：社会交往的迷失

美国社会学教授雪莉·特克尔在其著作《群体性孤独》中讲了一个故事：一位母亲前往罗尼家中应聘保姆工作，一个21岁的女孩为她开门，然后选择发送短信而不是多走5米路去另一个房间告诉罗尼有人来访。你对这个故事怎么看，你有类似的经历吗？是的，手机的便利，让我们甚至不想同距离自己只有5米的人直接交流。

《澳大利亚商业评论》记者安娜·麦基认为自己患上了手机成瘾症。和母亲出国度假时，在本该享受蓝天大海的时刻，她花了大量时间浏览照片墙（Instagram）和脸书网。“我以为你在和我度假，而不是和你的手机。”妈妈抱怨道。不用母亲提醒，安娜就意识到了自己的问题。“我会在睡前、半夜、早晨醒来时看手机，整个白天也会让屏幕亮起至少50次。我曾试过把手机留在酒店里，但会因此感到烦恼。”

“你去我朋友圈看看，里面有我上传的照片。”“在微信里跟我沟通就行。”“没什么事情可以做，刷会儿屏。”…… 过度依赖手机，影响了亲朋间的正常交流，很多人已经意识到了不妥。很多网友吐槽，平时大家都忙于工作，周末相约聚会，大家还总是低着头玩手机，交流很少，几乎失去了聚会的意义。手机仿佛一堵无形的数字高墙，横亘在面对面的朋友、亲人之间，使得以往的家庭聚会、同学聚会等传统社交模式边缘化和空心化。即使有这类集会,也演变为“相顾两无言,唯有玩手机”的尴尬状况。

国企职员小刘在一个周末盼来了渴望多年的同学聚会,这是大学毕业5年后首次大规模同学聚会。本来小刘满怀憧憬,希望能和很久不见的同学畅谈一番,“我们宿舍的几个女孩儿(以前)每天晚上都开‘卧谈会’,无话不谈,毕业以后就各奔东西了,再也没有过八个人聚齐了的时候。”她本以为这次聚会能让大家再次回到亲密无间的大学时代。的确,聚会刚一开始,老友相见,气氛很不错。但是热闹没维持多久,就开始有人低头戳手机屏幕。“这样的人还不是少数。”小刘回忆说,将近三十人参加的聚会,大概有一半人都在拿着手机拍照,“有人拍菜,有人拍人,也有人拍餐厅,拍完了就马上发到微博上。”过了一会儿,餐厅里响起各种微博评论的提示音,拍照环节告一段落,大家开始低着头用手机回复各种微博评论,也有几个工作狂人正在用手机发邮件。眼见着说话的人越来越少,而低头刷微博的、聊QQ的、玩游戏的人越来越多,小刘也越来越失望。“就算有人肯说话,也要不时看一眼手机,像得了强迫症一样,或者嘴里说着‘你说你说’,仿佛是在听我说话,其实他的注意力全都在手机上,根本就心不在焉。”就这样,本该热热闹闹的聚会最终“无言”地落幕了。

小刘的失落很多人都遇到过,当大部分人都在低头玩手机的时候,聚会的意义已经消失殆尽,可能带来温情的手机是这样让人感到残酷和无奈。手机像一个气泡把个体包裹起来,让人和人

世界上最遥远的距离……

在近距离被相互隔离,进而使人际关系变得疏远、冷漠。

手机为人们营造了一个表面上的繁荣世界,使人的交往面无比广阔,打造了一个精致的千人掌上空间,但是繁华背后,却是无数孤独和落寞的现实中人。大家都在手机上交友、聊天、发泄,内心却越来越干枯落寞……这种恶性循环就是手机所营造的"活在气泡中的一代人"的生活状态。人们觉得自己认识很多人,但在上千人的通讯录里却找不到一个能谈心的人。相识和沟通的落差如此之大,以至于一些人对手机世界感到悲哀。

2014年5月,美国YouTube网站发布了一个微电影,仅两周时间,就有了近3000万的浏览量。这是一个仅有5分钟,但却意义深刻的视频。视频中,主持人朗诵长诗《我有422个朋友,但我很孤单》,告诉观众,在现在这个社交网络无处不在的时代,我们投入大量精力与无数朋友沟通、社交,最后却注定要一个人独处,并生活在空前的孤独中。

我有422个朋友,但我很孤单

我跟他们每天都说话,

但没有一个人真的了解我

我们乐于分享某次经历

但如果没人携伴,快乐是否如旧?

我们身边的孩子们

自出生开始

就看着我们活得如同机器人

并认为这是正常

你不可能成为世界上最好的爸比

如果你不用 iPad 就能取悦你的孩子

当你太过忙着低头看手机,

你不知道你与这些失之交臂

我们所拥有的科技只是一种暗示

社群,友谊,包容的感觉

然而,当你离开这个充满幻想的设备

你忽然惊觉,面前的世界充满疑惑

当你不需要去告诉几百人,你刚做了什么

因为你只想享受此刻,只和她一个人

当你卖掉你的电脑,这样你可以买一个戒指

为你梦想的女孩,此刻却无比真实

不要让你的生活追随炒作

给人们你热爱的,不要给他们你“赞”的

断开被听到和被定义的需要

走出门,进入世界,摒弃那些干扰

有人认为移动社交促进了人与人之间的现实交往,因为在网上联络多了,难免产生见面的想法,网上的志同道合者往往联合起来举办聚会。但是,大多数人认为,过度沉迷于手机社交,忽视面对面交流,是极为有害的。移动社交的最大问题就是让亲情和友情浮在空中,原本要见面的,变成网上闲聊,原先要打电话的,变成发微信。久而久之,原本亲近的人在心理上产生隔阂——过分依赖手机,亲情迷失,精神孤独。

研究人员发现,一天使用社交媒体超过两个小时的人,在人际关系方面产生孤独感的比例,是只使用半个小时的人的两倍。原因在于,长时间使用社交媒体,往往容易错失与身边的人互动的机会。例如:当你与亲人、朋友或恋人约会时,你却无法停止滑动手机;宁愿使用朋友圈了解朋友动态,透过社交平台去看世界,也懒得出门走一走,渐渐地,生活变得索然无味。深爱使用社交媒体的人时常感到寂寞,以为社交媒体能够为自己的寂寞带来慰藉,殊不知越来越失落。

耗费时间上网沟通,削弱了现实生活中面对面的交往。青少年使用网络的时间越长,越愿意跟远距离的陌生人分享秘密,越不愿意跟现实生活中的熟人交流。青少年越是大量接受网上的负面信息,其对社会的参与度就会越来越少。研究表明,青少年每天接触网络1个小时,其对网上的负面信息会感到愤慨;但如果使用社交网络的时间达到3个小时及以上,对那些现象就基本上没有反应了。

低头族越来越喜欢在真实世界里伪装自己,却又选择在虚拟世界里表达真实的自我。这一现象的出现,反映了人们对现实的某种逃避与冷漠。对网络虚拟交往的满足,让许多青少年的心理空间难以容纳更多的东西,失去对现实生活的感受力和融入、参与欲望,失去对生活的热情。长久下去,他们只会成为控制机器或被机器控制的“冷血人”。

资料链接

2012年10月的一天,青岛市民张先生与兄弟姐妹一起去祖父家吃饭。饭桌上,老人多次想和孙子孙女说说话,但孩子们都拿着手机玩,根本无心同老人说话,甚至连简单的问候都没有。老人受到冷落,一怒之下摔了盘子离席。

有媒体评论称,老人摔盘离席是手机对现代家庭生活影响的一个典型切片,手机引发的各种情感危机,已经引起人们的重视。沉迷于手机而忽略了身边的亲人,人与人之间应有的简单交流都被手机封堵。人与人之间的关系手机化的后果是心灵的隔阂、感情的冷漠和生活的虚妄。正如小说《手机》的作者刘震云所说:“我就觉得手机好像自己有生命,它对使用手机的人产生一种控制。”

三、网络陷阱:智能时代的“罪恶”

2017年7月,来自山东德州农村的东北大学毕业生李文星通过网络平台BOSS直聘入职“科蓝公司”,却误入传销组织,最终凄惨死亡。同样来自山东,与李文星几乎是同时同地以同样方式误入传销组织的内蒙古科技大学毕业生张超,也因患病被传销组织抛至荒郊死亡。李文星、张超无论如何都没有想到,与他们直接开聊的不是上市企业的人力资源经理,而是传销组织的小头目,直聘的也不是公司负责人,而是骗子和死神。

互联网公司的“无审核”失职,最终害死了求职青年。这是移动互联网版的惊悚故事。网络陷阱会吞噬人的生命,网络漏洞会让坏人钻空子,造成新的悲剧。

一是信息泄露的安全隐患。微信中的定位、查找附近的人,以及摇一摇等功能,都可能将自己的所在地点暴露出去,容易让犯罪嫌疑人有机可乘。不法分子还会利用微信公众平台散布不良信息。而青少年群体由于缺乏经验,在人际交往中疏于防范,容易被不法分子利用和欺骗。

“在1998年,你不得不驱车到一个令人作呕的地方去看色情表演,内心盼望着没人看到你。”“而在今天,你只需要在手机上说一句‘来点儿带色的’就行了。”美国网络安全专家爱德华兹说,毒品贩子都知道,“我在纽波特海滩,想要点儿烟碱或420”这样的在线信息，指的是黑海洛因和大麻，然而，这样的“密码语言”早已不再局限于毒品贩子的圈子里，而是为大多数人所知，这得益于互联网和移动互联网后台的数据聚集和数据挖掘。广泛的电子设备应用，无数次的注册登录，以及你在互联网上的运作习惯，这些一旦被泄露，被犯罪分子掌握，将危害无穷。

二是劣质信息泛滥，影响青少年的道德意识。手机连通的网络空间，任何人都可以进入；虚拟化的环境让人们可以恣意发言；缺乏现实生活情境中的道德和伦理约束的生物性本能，在网络上“原形毕露”。野蛮、低俗、疯狂、恶毒等种种低劣的人性，在网络上表现得十分疯狂。如此种种，值得警惕。这些传布着大量扭曲的价值观，反社会、反道德规范的东西，在多方面冲击着人们的价值观念，制造了大量的道德缺失黑洞。涉世未深，判断力相对较弱的青少年很容易跌入道德脆化的误区。

三是信息直接化、形象化，弱化了青少年的理性思维能力。互联网上海量的信息，多元的交互发言，让青少年可以接受丰富的信息，开阔视野，但是，冗余信息让人无所适从，垃圾信息削弱了人的理性思考能力。网络上的图像视频无比丰富，形象化直观化的信息充满趣味，让人欲罢不能。但是，图像化信息颠覆了理性思维的基本载体：语言文字符号。情绪性、片段性思维方式流行，让人们成为什么都知道一点，但又什么都不能深入探索的“知道分子”。低头看手机让青少年的阅读时间和书写时间减少，写不了流畅的文章已成为常态。更深层的问题是,手机阅读的碎片化、拼贴化、视觉化导致的浅表化思维,造成了当下判断的浅层化、情绪化、非理性化。这对与科学技术相匹配的逻辑思维,对建构理性思维和形成深层学习能力,是一个严峻的挑战。

四是“数字人”“纸片人”倾向,加剧了人的异化。互联网的机器操作机制,是冷冰冰的数字机制,数字信息的输入与输出,都在机械的指令之下。人性化的生存伦理在这里缺乏生存空间。网络所连接的虚拟空间仿佛是一个极度放任、自由的天堂,在这里,人们可能以游戏的态度对待一切。虚拟空间和现实生活空间的巨大反差,让青少年逃避现实,逃避责任,在符号化和冷冰冰的机器操作伦理中沉迷,在亦真亦幻的符号空间中沉醉。久而久之,人的属性被冰冷的机器属性所消解,人的正常情感、生动的社会关系被格式化为机器的程序,人的异化倾向加剧。

五是互联网的信息和知识“野蛮生长”,引发了青少年的价值观冲突。全球信息在网络空间全面互通,其中的信息鱼龙混杂,泥沙俱下,大量落后的、野蛮的信息像“恶之花”一样在网上开放,甚至还有着极华美的包装。姑且不论不同文化交流而导致的“文化震荡”和“文化休克”,仅网络上泛滥的淫秽、色情、暴力等信息就让人防不胜防,堵不胜堵。在缺乏引导和过滤的情况下,青少年很难有效消化这些东西。

互联网上的文化斗争和冲突非常激烈,在全球化背景下,西方文化的渗透日益加剧。据对互联网输入、输出的信息流量统计，中文内容分别只占 0.1% 和 0.05%，而美国的这两项指标都在 85% 以上。互联网信息流动的不平等、不对称导致发达国家垄断着网上的信息资源，冲击着发展中国家的思想阵地，青少年的思想容易出现西化倾向。多元文化的冲击，强势信息的霸权已在网络上成为趋势，同时还有大量的反社会、反人类的资讯，极易导致青少年价值观混乱，道德界限不清，是非观念不明，社会责任感弱化。网络上的金钱操控已经形成了一种碾压性力量，不法者以各种方式引诱青少年消费，也严重伤害了青少年的身心健康。比如“援助交际”是指日本的女学生用肉体换取金钱的现象，目前这种现象在台湾地区也很流行。许多女学生依样模仿，在网上列出愿意“援交”的条件，用以招徕“顾客”。但代价也是五花八门的，有的甚至卖淫。悲观者认为，如果放任这种现象，互联网会成为社会溃败的重要源头。

六是欺骗性信息泛滥，网络违法犯罪严重。互联网是一个共享空间，没有明确的所有权，没有明确的个人责任范围，网络欺诈、网络犯罪查处困难。各类欺骗性信息泛滥，大量的犯罪团伙在网络上招摇过市，而人们却无可奈何。

侵犯人的隐私权、名誉权及各种人身权利的事件时有发生，网络攻击、网上报复和网络谩骂毫无底线可言，一些人甚至认为在网上诚实是一个笑话。网络道德建设还有很长的路要走。

讨论问题

1. 你是否同意通过立法对行走中的低头族进行处罚?

2. 长期看手机伤眼睛,你有什么办法预防?

3. 你是否能做到课堂上不开手机或不带手机?

4. 重庆铁路中学的一位学生家长,愿意自掏40万元人民币,为该学校的所有学生发放一款非智能手机,原因是他觉得目前的智能手机对学生带来了负面影响,比如游戏上瘾、视力下降等,严重影响学生的学习和成长。

(1)你支持这位家长吗?

(2)你愿不愿意使用非智能手机?

5. 如果接收到陌生人发来的短信,你会怎么办?

第四章

抬头与仰望：低头族的主体性回归

主题导航

1 警醒与规避：低头族的安全生存

2 珍重与自制：低头族的健康生存

3 敬畏与超越：低头族的智慧生存

4 节制与自律：低头族的德性生存

像任何新技术的出现一样，移动网络和智能手机的广泛应用，必然给社会带来强力冲击。从发展趋势看，移动互联网将继续对人们的生活结构和生存方式产生越来越重要的影响。生活在现代的青少年，与网络和手机一起成长，低头是这一新的“网络世代”的生活特点。低头族的价值观、生活方式给社会和个人带来了全新的挑战，需要社会和每一个人积极地认知、适应、应对，以期共同努力，扬长避短，理性低头。

特克尔在《群体性孤独》一书中指出，“我们对科技的期待越来越多，对彼此的期待却越来越少……我们不会放弃互联网，也不可能一下子‘戒掉’手机。我们自己才是决定怎样利用科技的那个人，记住这一点，我们就一定能够拥有美好的未来”。

新科技的发展和运用，应该给人类带来更多的光明和辉煌，而不是黑暗和没落。矫正低头族的不良习惯，走出低头族的困境，需要我们放眼世界，放眼未来，放眼美好的人生。自我珍重、警醒、节制、自律，是智能手机时代一个有智慧的公民最重要的品德。

第一节 警醒与规避:低头族的安全生存

你知道吗?

习近平指出,互联网新技术新应用不断发展,使互联网的社会动员功能日益增强。要传播正能量,提升传播力和引导力。要严密防范网络犯罪特别是新型网络犯罪,维护人民群众利益和社会和谐稳定。

一、安全第一:低头的首要戒律

如前所述,低头族大致分为四种类型,其中,行走中的低头族,尤其是马路低头族的安全风险最大,是当下最让人们担心的马路新“杀手”。

低头族为何喜欢在马路上看手机?答案五花八门:

2013年,美国的一个行为艺术组织在纽约的大街小巷推出“导盲人”服务——给低头族行人配备一个身穿醒目橘色安全衣的伙伴,行人则用一条绳子拽住“导盲人”。

“因为无法活在当下。”“不想浪费生命,所以开启多核模式。难道你没有觉得自己的时间完全不够用吗?”“孤单。不想看见别人成双成对,所以选择‘回避’。”“因为恐惧。”“手机是在公共场合使自己看起来不那么孤单的道具。”…… 马路低头族似乎都有自己的理由,但主要的原因还是心存侥幸。这种侥幸以生命为赌注,值得高度警惕。

目前,针对马路低头族的生命安全问题,世界各国都采取了相关措施。这些措施包括两个方面:一是采用技术方法,减少低头族的风险;二是采用公共宣传和教育的方法,提醒马路低头族规避风险。

资料链接

走路不能玩手机,这个道理谁都懂,但还是有很多人做不到。

2016年,澳大利亚新南威尔士州政府表示,既然大家都那么喜欢低头,不愿意抬头看红绿灯,那么我们就把指示灯装在地面上!这样低着头也可以看到地面的红绿灯变化。这些地面红绿灯首先亮相于悉尼多条人流量较大的人行道。

新州政府此前曾宣布推出“减少至零”的活动,旨在降低交通事故死亡率,地面红绿灯计划就是这项活动的一部分。

日本政府和社会对低头族现象非常重视,目前已经采取了一系列行之有效的措施。一些日本公司、企业通过多种方式宣传低头的危害,杜绝人们边走边回邮件的情况,而地铁站、公交站则悬挂着一些提醒低头族注意安全的横幅标语,以此减少低头族现象的产生。在技术方面,日本的企业也推出了一些提醒低头族的App。安装这种App后,手机可以探测用户是否正在行走(GPS定位),如果是的话,就会提醒用户。如果是在安全的环境下,用户可以忽略这个提示。日本的思路重在提醒,因为如何使用设备,毕竟还是用户的自由。但是这种提醒无疑传递给用户一个重要信息,即随时随地低头使用手机是不妥当的。时间久了,这种宣传也会有积极的影响。

但是,低头族的生命安全问题关键在于低头族们时时刻刻自我提醒和自我控制,在于他们自身对生命的珍视。在马路上行走、驾驶车辆或在高空

资料链接

为拯救那些走路不看路的低头族,美国犹他谷大学在一座教学楼中重新设计了交通规则。该校为生命健康中心的楼梯设计了三条道:走路、跑步、发短信。这张图片传到网上后,引起各大媒体的疯狂转发。

资料链接

为提醒低头族边看手机边走路危险,日本人在地铁站内设置了一个即时监控站,一旦发现走路玩手机的人,就会立即在广播中播报例如“穿粉衣服的女士,边走路边用手机很危险”的消息,通常好面子的人就会把手机收起来。

施工时禁止用手机,必须成为低头族的第一戒律。

严控在行走时低头玩手机,不仅是低头族自身的责任,也是每个人对社会的义务。有人建议对马路低头族制定法规。他们认为,司机开车用手机会被处罚,行人边走路边看手机也妨碍交通,不能简单地认为他们是弱者,他们必须承担相应的法律责任和义务。

二、规避沦陷:防范网络犯罪

不同于家庭安全、人身安全,很多人对网络安全的感知度较低。对单个用户来说,所谓的网络安全问题常常是"事不关己"的,偶尔在新闻中看到此类事件的报道,但在现实生活中却可能很长时间都见不到,所以就认为网络安全是"虚无"的。这种对虚拟空间安全问题的忽视,往往成为巨大的"安全黑洞"。

网络犯罪是手机用户时时刻刻要警惕和防范的网络之恶。网络犯罪分为两个方面。一是在计算机网络上实施犯罪,如非法侵入、破坏计算机信息系统,表现形式有袭击网站、在线传播计算机病毒等。二是利用计算机网络实施犯罪,如利用计算机网络实施诈骗,盗窃,贪污、挪用公款,窃取国家机密等,其他犯罪还包括电子讹诈,网上走私,网上非法交易,提供电子色情服务,传播虚假广告,网上洗钱,电子盗窃,网上毁损商誉,在线侮辱、毁谤,网上侵犯商业秘密,网上组织邪教组织,开展在线间谍活动,网上刺探、提供国家机密等。

对于前者,我们一定要严格遵守法律法规,合法上网,依法利用网络;对于后者,除遵守法律法规外,还要严格自律,最重要的是对网络犯罪保持高度警惕,提升智能时代的生存智慧,防范网络陷阱。尤其是网络诈骗、网络暴力和网络色情等移动互联网时代的三大安全毒瘤,它们往往互相勾连贯通,是最常见的伤害公众财产和生命安全的网络犯罪陷阱。

微信等移动互联社交工具给人们的交往带来了极大的便利。这种强关系的网络社交在很大程度上基于日常的信任关系,其包含的信息和数据内容与人们的生活相关度大,基本上是真实的。各类犯罪组织通过大数据或其他非法途径获取这些信息后,会按图索骥,对相关用户进行定向攻击,实施如诈骗、抢劫等犯罪活动。此外,多元化的互联网应用、便捷的移动支付,让用户入网的门槛大大降低,但大多数用户对网络安全的认知深度并没有提高,这也给网络犯罪分子以可乘之机。

国内网络安全公司的相关数据表明,目前手机病毒、手机支付安全、电信诈骗等安全形势越来越复杂,诈骗短信、支付病毒大行其道,当下流行的二维码"扫一扫"已成为增长最快的染毒渠道。因此广大手机用户要增强防毒意识,定时查杀病毒,及时更新病毒库,这对于防止被骗尤为重要。对于最新肆虐、危害较大并且难以清除的病毒或者安全漏洞,则需要下载专门的工具及时查杀或修复。

日防夜防，虚拟空间中的窃贼难防，即使较好地运用了手机杀毒工具，各种以网络和手机为媒介的犯罪，还是让人防不胜防。

在针对青少年的网络犯罪中，人身伤害最为险恶。一些不法分子以与网友见面为名实施违法犯罪：（1）骗取财物。不法分子约网友见面，编造理由向网友借钱，借走之后则“一去不回”。有些不法分子利用人们在网络上泄露的信息，有针对性地进行恐吓、利诱，或以伪装成亲友等方式引诱网友，进行金钱诈骗。（2）网络抢劫或勒索。不法分子专门找一些警惕性较弱的女生聊天，通过微信或QQ群，伪装成知心的女性朋友、良善的大叔或者某一话题的同好，迫不及待地邀请女生到线下见面、约会或者一起玩游戏。当女生按约定路线经过时，不法分子或在一些偏僻的场所进行跟踪埋伏，抢劫女生的随身财物，或实施定向绑架，向受害人的家属、朋友敲诈勒索。（3）性侵害或人身侵害。有些社会闲散人员通过网络聊天、网上征友等方式认识女生，随后盛情邀请，骗女生出来见面，一旦见面就进行非法拘禁、强奸等人身侵害和性侵犯活动。青少年尤其要谨慎对待网上征友活动。网络的匿名环境使一些不法分子便于伪装，一个杀人魔可以把自己说成是蜘蛛侠，一个变态可以把自己打扮成天使，一个精神病患者在网络空间中可能是一个翩翩君子……网上交友须谨慎，线下活动要警惕，要有自我保护意识，谨慎对待手机中的各种信息，防止上当受骗。

三、规避圈套:防范网络诈骗

2017 年 7 月 19 日,临沂中院一审宣判,“徐玉玉被电信诈骗案”主犯陈文辉被判无期徒刑,没收个人全部财产。这个通过电信诈骗导致受害人死亡的犯罪分子终于伏法。

2016 年 8 月 19 日,参加完高考并被南京邮电大学录取的山东临沂高三女生徐玉玉接到一通电话,对方声称要为其发放助学金。在对方的指引下,她将原本准备交学费的 9900 元打入对方提供的账号。对方得手后,再无人应答电话。当天 19 点 30 分左右,从当地派出所报完警出门后,徐玉玉突然昏厥,抢救两天后不治身亡。

法院审理查明,陈文辉犯罪团伙,在 2015 年 11 月至 2016 年 8 月期间,通过网络购买学生信息和公民购房信息,冒充教育局、财政局的工作人员,以发放贫困学生助学金、购房补贴为名,以高考学生为主要诈骗对象,拨打诈骗电话累计 2.3 万余次,骗取他人钱款共计人民币 56 万余元,并造成被害人徐玉玉死亡。

近年来,网络和电信诈骗等犯罪活动高发,成为严重的社会公害。

2016 年 1 月,河南新乡打工老人熊某遭遇电信诈骗后,在银行门口自缢身亡。

2016 年 8 月,山东一女生被电话诈骗 7000 元学费,骗子称该女生涉嫌洗钱。

2016 年 8 月,上海一大学生订机票后收到诈骗短信,6100 元学费被骗。

2016年8月，骗子冒充网购平台客服，骗走广东清远少年的救命钱……

据统计，近十年来，我国电信诈骗案件以每年20%—30%的速度快速增长。2017年1月至7月，全国共立电信诈骗案件35.5万起，同比增长36.4%，造成损失114.2亿元。同年6月，北京市公安局联合360公司在北京举办了《2017年上半年网络诈骗数据研究报告》暨十大案例通报会。报告指出，2017年上半年，网络诈骗信息举报平台"猎网平台"共接到来自全国各地的网络诈骗举报10882起，涉案总金额高达12668.5万元，人均损失11641.7元。

进入移动支付时代，各类网络诈骗花样翻新，让人防不胜防。网络支付方便了我们的生活，如今，只要轻轻点击鼠标即可完成购物。无孔不入的黑客早就盯上了网络支付的漏洞，他们利用支付时要用到的短信验证码，对支付用户进行靶向攻击，从而实施犯罪。2016年以来，黑客通过手机木马劫持短信验证码，窃取用户账户信息的活动呈高发态势。黑客尤其青睐与未经安全认证的网站链接和应用程序相关的二维码。那些来历不明或无法确认安全的二维码是网络犯罪分子最易布设陷阱的工具，非常危险。一旦个人信息泄露，网络犯罪分子的定向攻击就很容易得手。不少免费Wi-Fi可能是"钓鱼陷阱"，从非正规商店下载的App也可能带有恶意程序……网络犯罪分子无所不用其极,需要我们严加防范。

网络诈骗的戏码每天都在上演,诈骗者的剧本也在不断翻新。公安机关和安全专家总结当前网络和电信诈骗的作案特点,认为其主要表现在以下几个方面。

一是作案过程呈现非接触性。与传统诈骗案件不同,犯罪分子通过通信工具与受害人进行非面对面的接触,所有留痕信息只有犯罪分子的电话号码和银行账号(基本为虚假信息),没有犯罪分子的体貌特征等详细信息。

二是作案方式信息特征明显。不法分子可以从多种渠道买入客户个人信息,包括姓名、电话、住址、身份证号、银行卡号、车牌号、个人消费记录等,再通过任意显号软件、网络电话、短信群发器拨打电话或群发短信,短时间、高效率、点对点地散布诈骗消息,诈骗成功率很高。

三是作案手段智能化。犯罪分子熟知网络流程,能熟练操作各类计算机系统,与不熟悉专业知识和相关法律知识的受害人处于不对称状态。在这些高智能犯罪群体面前,普通人是弱势群体。而这些犯罪分子又能十分熟练地利用心理操纵术,对受害人设下心理暗示等陷阱,多方威胁和利诱,环环相扣地控制受害人。受害人在利益的诱惑或极度惶恐中,难以识别风险,进而上当受骗。

四是作案异地联动。犯罪分子狡兔三窟,导致受害人的损失追缴困难。案发后受害人及时冻结资金账户是追缴赃款的关键,但诈骗分子在这方面早有预谋,如诈骗账户的开户地在甲地,在乙地利用网银分解资金,再在丙地、丁地提取现金,甚至在国外取现。这种异地联动的方式,给公安机关查处案件带来了极大困难。

五是作案人员分工明确,单线联系,团伙作案。电信诈骗犯罪通常由团伙共同实施,成员有明确分工。既有策划整个诈骗活动的“指挥组”,也有具体实施诈骗的“导演组”,既有专门负责网上资金分解的“转汇组”,也有具体取款提现的“取现组”,且各小组之间单线联系,给公安机关抓捕造成困难。

六是犯罪分子的分布跨地区、跨国界。东南亚、我国台湾地区的电信诈骗起源较早,目前已形成一套体系成熟的诈骗流程。在我国大陆发生的电信诈骗案件,通常引进这些地区的诈骗理念或直接由这些地区的专业诈骗人员担任总指挥,再雇用大陆地区社会闲散人员提款转存。公安机关即使能抓到取款的社会闲散人员,也无法抓到身在境外的指挥人员,打击力度有限。

七是转赃销赃极速化。很多网络诈骗能够成功,就是因为犯罪分子善于利用时间差。他们总是在第一时间把到账的资金通过网银分解到多张银行卡中(这些卡往往是犯罪分子从网上买入虚开的或他人转卖的),再到全国各地银行柜台或 ATM 机上取现,极快地逃避执法部门的追查和抓捕,加大了公安机关的追赃难度。

八是作案目标普泛化。遍撒网、广下招是网络电信诈骗的主要特点。他们利用现在电信和网络低资费或零资费的特点,遍发短信,只要有万分之一的人中招,他们就得逞了。这种概率计算的方式确实使他们收获很大,受害人众多,遍布社会各阶层、各年龄段,尤其对辨识能力较弱的老年人、青少年等弱势群体危害最烈。

因此,公安防诈骗专家提醒,面对随时随地都可能侵入的网络电信诈骗,需要增强防骗意识和能力。遇到此类诈骗,坚持“三条底线”“三不一要”,谨记六个“一律”,有效保护个人财产不受损失。

(一)三条底线

一是保持镇定,不回拨语音电话。无论是银行卡欠费还是邮包未领取,或者是水电费未缴纳,骗子大多都会使用各类语音电话,一旦当事人产生疑问他就要求回拨,而这往往就是骗局的开始。所以不要回拨语音电话,这一点至关重要。

二是提高警惕,与钱有关就要当心。电信诈骗无论是什么由头,诈骗人无论是什么身份,主要目的还是骗钱,所以一旦有陌生电话打来,涉及银行卡、账户、密码等和钱有关的事情,一定要提高警惕,赶快挂断电话。

三是相互提醒,询问身边的警察。绝大多数的电信诈骗中,最后一个人往往是以所谓的公安、检察官、法官名义出场。其实政法机关办案、了解情况,绝对不可能在电话中和当事人进行沟通,所以一旦遇到这种涉案、涉警的电话,一定要第一时间与身边的公安机关联系。

(二)三不一要

坚持“三不一要”原则，就是不要轻信来历不明的电话和手机短信，无论什么情况，都不向对方透露自己及家人的身份信息，存款、银行卡等情况，绝不向陌生人汇款、转账；一旦上当受骗，立即向公安机关报案。

（三）六个“一律”

一是接到电话或收到短信，不管对方是谁，只要一谈到银行卡和手机支付账号，一律挂掉。

二是接到电话收到短信，只要一谈到中奖了，一律挂掉。

三是接到短信或电话，只要一谈到是公检法税务或领导干部的，一律挂掉。

四是所有短信，但凡让点击链接的，一律删掉。这是典型的以利用短信链接向手机植入木马病毒为手段的电信诈骗。

五是微信中不认识的人发来的链接，一律不点。微信里有许多“测测你靠什么谋生”“测测你姓名的分数”等类似算命的游戏。这种游戏可能会在后台盗取你的手机号码，再让你输入信息去匹配，如果你再使用手机银行、支付宝，可能导致你的财产损失。

六是所有 170 开头的电话一律不接。170 是虚拟运营商的专有号段，一些虚拟运营商是通过网络渠道销售 SIM 卡的，实行实名制会有一些困难，是电信诈骗经常使用的电话信号。

第二节 珍重与自制:低头族的健康生存

你知道吗?

重庆和华盛顿特区的市政部门正在研究怎样去迎合人们边走路边使用手机的新“刚需”。这两个城市都已经设立了专供低头族行走的手机人行道。在重庆,这条人行道设在洋人街景区里的一座桥上,旁边竖了一块牌子,上书“中国第一条手机人行道”。牌子的下面则写道:允许使用手机,但风险自负。洋人街的负责人表示,希望用这种方式提醒游客,走路时最好不要玩手机,保证出行安全。

一、珍重健康:远离低头性疾病

科技进步是一把双刃剑,移动互联技术的发展和移动终端的普及也是如此。人们在充分享受其好处和便利的同时,也要承担其带来的风险。低头族就是移动互联技术带来的一种社会疾病,其所受的身体健康危害就是突出问题。对手机过分依赖和沉溺,会导致身体多器官损伤和病变。长期上网、玩游戏导致沉迷者猝死的事件不时见于报端。没有健康的身体，人生几乎归零，这是任何人都懂的道理。但是，低头族面对“温水煮青蛙”式的健康威胁，往往浑然不觉。对自己的健康负责，珍视生命，是低头族首先要注意的问题。无论何时何地，在互联网上“冲浪”都要有限度，要以不损害健康为底线。

（一）保重身体健康，预防生理性疾病

低头对眼睛、颈椎的伤害是最严重的，长时间低头是低头族眼病和颈椎病多发的主要原因。年轻时可能问题不明显，但是日积月累，会给日后的生活带来不可逆的伤害和痛苦，到时候是没有后悔药可吃的。

既然使用手机是人们的必需，那么在使用的时候，必须讲究科学。一是注意不要长时间看手机，避免视力受损。二要注意方法。一般来说，正确使用手机的方法可以归结为以下几个方面。

1. 眼睛与手机之间应保持 30 厘米左右的距离。

2. 光线不宜过强或过暗，应从左前方射来，以免阴影妨碍视线。

3. 连续用手机时间不能过长，以一节课时间（45 分钟左右）为宜，然后休息 10 分钟。

4. 坚持做眼保健操，加强视力训练。尤其要多到室外活动，远眺户外的美好景色是保护眼睛的最好方法之一。

5. 要注意抬头，每 20—30 分钟抬头一次，活动活动颈椎，做做颈部保健操。

只要养成这些好习惯,并持之以恒,就可以减少长期低头带来的伤害,减少患病的风险。

（二）重视精神健康,远离心理性疾病

手机等新媒体传播的网络暴力、色情、欺骗性信息,会严重扭曲人的心灵,是青少年低头族沉沦堕落、违法犯罪的重要诱因。其中泛滥成灾的网络色情已经成为影响青少年身心健康的公害。很多色情网站是绑定恶意程序的基站,是网络上的毒瘤,严重危害着网络的健康发展。这需要全社会共同努力加以治理,更需要个人的自律和自我防护,做到理性、节制用网。

低头族的实质是手机成瘾。青少年手机成瘾与自身的某些心理因素有关。那些内向敏感、现实人际交往困难的人,更容易手机和网络成瘾。那些在生活、学习中遭遇挫折的,家庭不和睦的,没有特长、成绩不突出的学生,往往因为在现实中不被群体接纳、学习和工作不成功而沉迷于上网。沉迷于手机和网络具有麻醉功能,能使他们忘掉现实生活的各种烦恼,还可以给他们带来虚拟空间中的群体归属感,同时也使他们丧失了现实感。

青少年手机成瘾有以下三个最突出原因:1. 在现实生活中很难有成就感,在上网过程中特别是游戏中可以得到这方面的满足;2. 现实生活中有很多负面情绪得不到排解,在网上可以得到宣泄;3. 青少年的好奇心较强,移动网络能提供平台,让他们了解很多东西,满足他们的猎奇心理和求知欲望。

手机成瘾的心理机制多元而复杂,需要多方努力,进行持续和协同治理。首要的切入点是多方关心和引导，重视青少年的心理需求，帮助青少年摆脱心理困境，提升青少年的意志品质，加强心理疏导，在使青少年建立健康的人际关系、良好的师生关系和家庭关系上做精细化、持久化的耐心工作。家庭、学校和社会要携起手来，各负其责而又互相配合，对手机成瘾的青少年在生活上予以关心，在学习上予以帮助，提升青少年低头族的现实获得感，让他们感受到学习、生活的尊严和快乐。

二、珍惜时间：低头需要自制

“别看手机了！”“别再拿着手机玩游戏了！”“把手机放下！”……这些话语现在已成了很多家长的“口头禅”。实际上孩子自己也很清楚，还有作业，还有重要的学习任务，还要看书，也想把手机放下，但是，就是停不下来。这就需要提高意志力和自制力，培养自己良好的手机使用习惯。

（一）重视时间管理

劳逸结合，注重休闲与工作、学习的协调和平衡是基本规则。在移动互联网时代，这一点更加重要。然而，现在很多人已经发展到在各个场合都离不开手机，以致耽误了大量的宝贵时间，荒废了人生美好年华。

我们必须明了时间概念。许多人都知道财产管理，但是对时间管理却毫无概念。这是一个极大的缺失。时间是每一个人最宝贵,最应该得到重视和管理的财富。没有良好的时间管理概念,就会在时间使用上随性为之。这种情况在低头族中最为严峻。

在移动互联网时代,游戏、影音、社交,只要你有需求,你都能在手机上得到满足。在商家各种营销手段的围攻之下,在他们日夜不停研究开发的“武器”攻击之下,普通人那一点可怜的自制力已然溃不成军。截至2017年6月,我国网民规模达到7.51亿,手机网民规模达7.24亿。网民使用手机上网的比例由2016年年底的95.1%提升至96.3%,人均周上网时长为26.5小时。这种情况正在极度挤压人们正常的学习和工作时间。“时间去哪儿了?”这是当代人面临的一个严峻课题;“时间去哪儿了?”这也是每个人每天需要问自己的问题。警醒自己,不要让手机成为吞噬生命的黑洞。

(二)做好手机内容管理

智能时代,手机是个无底洞,不断地刷屏,手机就会源源不断地推送各类内容,永远也看不完,用不尽。仅仅就最热门的社交应用和游戏来说,其内容也是无穷无尽的。此外,各种学习、研究数据库和内容包里面有价值的资料也无限丰富。这与传统的平面媒体和电视媒体具有相对可穷尽性大不相同。因此,对于手机使用的内容管理,本质上与手机使用的时间管理是紧密相关的。

由于自控能力弱,青少年更容易沉溺于各种游戏当中。比如在手游中,比对手更强有两个方式:其一花钱,谓之“氪”;其二花时间,谓之“肝”。而从游戏运营方来说,“肝”这种行为并不能直接增加它的物质利益,只有“氪”才能让它获得商业回报,所以多数公司都拼命开发又“肝”又“氪”的爆款吸金游戏。过度沉迷于这些游戏,会造成双重严重后果。一是荒废大量时间。有些人玩起游戏来数日不眠,因此猝死的消息也时有所闻。还有些过度沉迷者,数月、数年如一日沉迷于游戏当中,完全荒废工作和学习。二是浪费大量金钱。很多玩家为了在游戏中迅速升级,不断花钱买道具、

资料链接

2017 年 6 月,一则“深圳 11 岁男孩趁父母不在家,偷取父母银行卡和手机玩《王者荣耀》,花光家中 3 万元积蓄,家长诉至法院”的新闻引发热议。其实这类新闻并不少见,浙江某小学五年级学生使用家长的手机玩游戏,花掉 3.8 万元;合肥 10 岁的孩子偷用父亲 1 万多元钱为手机游戏充值;福州某三年级小学生半小时为游戏充值 5000 多元……熊孩子大手大脚偷用家长的钱玩游戏的新闻屡见不鲜。

历史总有些吊诡,当年的“70 后”曾经是网吧的主要群体,他们的父母对此无不忧心,今天,自己成为父母后,又对熊孩子的手游深恶痛绝。游戏的巨大诱惑力连成人都难以拒绝,何况心智不成熟的孩子。我们应该开启多向思维模式,在疏导上多下些功夫。

刷装备,几千、几万元都不在话下。近年来,一些熊孩子盗刷父母的银行卡来玩游戏的案例不在少数,有的甚至盗刷数十万元之多。《王者荣耀》这款游戏就曾导致多起孩子向父母要钱充值被拒而跳楼的极端事件。沉迷于网络游戏不仅产生游戏者与外界交流的时间大幅减少,而且会使其产生严重的心理疾患,如同赌博和吸毒一样,会导致心理变态、生活堕落。因此,作为个人,要对手机使用内容进行严格的目标管理,提升自控能力,节制手机游戏,多用手机学习与课堂知识相贯通的内容。特别是青少年,要意识到网络不仅仅提供游戏,它还提供强大的学习平台。

(三)重视替代性活动管理

低头族已成为全球最大的"族群",拖延症、网瘾症、手机依赖症是这个族群的显著病征。教育专家建议,"对手机,要随时拿得起放得下"。手机只是一种工具,我们应该很好地去使用它,而不是被它控制。要消除对手机的依赖,就要更多地投入到有所作为的工作和活动中,尤其要多参加一些有益于身心的群体活动,比如运动、健身、郊游等,尽量将生活的重心从手机上转移出去。

心理学专家建议,青少年要学会延长自己生命的长度和厚度,要学会有意识地减少使用手机的时间,有意识地回归生命的自然状态,感受生命的原生态,培养自己对身边世界的观察能力。不妨锻炼一下自己独处的能力,戒掉手机瘾。如把手机放到一边,在一个安静的环境里休息一会儿,做一做沉思和冥想,或做一做深呼吸,给生命留点空隙,或看看书提升自己,翻翻资料充实自己,大声朗读释放自己。这些都有利于戒掉对手机的过分依赖。

在与人共处的时候,不妨把手机关闭一会儿,跟对方交流一下,充实自己;在地铁、公交车上,不妨收起手机,看看车窗外的风景和穿梭而过的行人;在饭桌旁,与其忙着将可口的饭菜拍照上传发朋友圈,不如跟对面而坐的朋友畅谈一下人生;在周末,不妨关上手机,走出房间,和家人去看看外面的世界,来一趟畅快的旅行。每天有意识、有计划地进行这些替代性活动,是从手机成瘾中解脱的一个途径。这需要每天坚持,在做好细节和自我监督中加以落实,在从此刻做起的行动上加以贯彻,在组织多元性替代活动中加以光大。

三、珍爱自我:低头需要自省

(一)利用网络资源,提升信息净化能力

对青少年来说,网络和移动网络的益处是无须质疑的。他们可以充分利用网络资源,为自己的学习提供帮助,也可以随意满足自己休闲和娱乐的需求。智能化环境给学习提供了更加开放的有效渠道,创新了教育和学习方式,给青少年的学习和生活带来了巨大的便利和乐趣。

但是,智能手机的海量信息以及各类休闲娱乐的诱惑让人目不暇接,欲罢不能。人一旦进入手机遨游,就会乐不思蜀,耗费大量时间,忘记学习和工作;一旦退出来,除了一大堆杂乱的信息填

充脑海,又好像没有收获任何东西。手机就这样不断地钝化着人的思维和活力。有人说,进入手机沉迷状态,人的本性就被消解了,变成了一条“虫”——“网虫”“手机虫”…… 这种愚蠢和可怜,只有通过反思才能意识到。手机沉迷就像一个小偷,不断地偷走人们的时间、快乐和健康正常的生活。心理学家指出,进入沉浸状态是保持专注力的前提,而专注力则是提升创造力的基础。手机响个不停的提示音最容易使人分心,让人无法专心致志。长时间看手机还会干扰正常的生活节奏和作息时间,影响正常的工作和社会交往。在手机上,大量的“原始信息”快速生成,互相矛盾、互相冲突的各类信息混杂交汇,让人陷入一种混沌状态。而大量的“烂尾信息”“垃圾信息”“有毒信息”也混杂其中,这就迫切需要青少年提高自身的信息选择能力和信息净化能力,让手机、网络信息为我所用,使手机成为有用的信息资源宝库,而不是电子垃圾场。

（二）注重预防和自省,提高心理疏导能力

手机世界的精彩丰富和网络传播的简单快捷,对青少年具有极大吸引力,因而也极易使之沉迷上瘾。对青少年来说,个人的自制力往往很难与智能手机的吸引力相匹敌。关机越来越难;没有手机在身边就会有强烈的不安全感,失落和被世界抛弃的感觉会使人陷入一种不真实状态;拿起手机就不由得兴奋,好像连通了整个世界 …… 这种由虚拟技术而产生的幻觉,有如毒品,使低头族的人生乃至家庭陷入困境。

当然,我们不能因为一些人过度使用手机而不再用手机,但也不能放任自流，因为大家都在玩手机，都是低头族而纵容自己。对因上网而产生心理障碍的青少年应积极加以疏导。首先，要防患于未然，积极传播有关过分沉迷可能导致心理障碍的信息，传播、指导防止心理障碍产生的方法，尽量避免上瘾。其次，要对已患上心理障碍的青少年进行矫治，如适当控制上网时间，要求他们在上网的同时不要忽视与同学、老师的人际交往，与家长保持密切联系，提高自己的选择能力和免疫力。

作为青少年，要自觉培养健康的生活习惯，多健身，多和朋友交流。当将精力放在现实领域时，低头看手机的频率自然就会减少。也可以采用使用老式手机，与朋友约定聚会时不用手机等办法。

（三）注重自律和他律，提高使用控制能力

专家认为，青少年使用手机不是洪水猛兽，但也不能顺其自然，听之任之，而应该在家长和孩子的共同努力下，协商解决低头族问题。

一是家长要多花时间陪伴孩子。作为孩子最亲近的人，父母应该毫不吝啬地多花时间来陪伴、关爱孩子，利用空余时间多和孩子交流，与孩子分享自己的所见所闻，听取他们的想法和意见；通过多种方法疏导孩子的情绪，转移孩子对手机的注意力，找到日常生活中新的兴奋点，减少与手机为伴的时间。这需要家长持之以恒地下功夫。

二是要多方面丰富业余活动。在课余和休息时间尽可能有目的、有计划地使孩子动起来，走出去。“行万里路，读万卷书”是成人成才的基本途径。家长要勤于、善于安排能使孩子感受自然、亲近自然的户外活动。可以适当地散散步,周末去郊游,经常性地打打球、锻炼身体,也可以带孩子去附近的图书馆看看书报,

资料链接

一位小学生家长给孩子使用手机的家规

有位母亲在送给孩子一部手机的同时,定下了手机使用家规。

1. 首先要声明,这部手机是我买的。现在我将这部手机借给你使用。

2. 你应该告诉我手机的密码。

3. 有课的时候,不许使用手机,休息时可以适当使用。每晚 7 点半要将手机交给妈妈或爸爸,周末可以在晚上 9 点交。

4. 如果手机掉马桶里,掉地上,你必须承担维修费用。你可以通过打扫家庭卫生或照顾小孩来挣钱,也可以将父母给你过生日的钱攒起来。

5. 不能发送或者接收带有你(或者他人)身体隐私部位的图片。

6. 尽量下载一些新鲜的或者经典的音乐,时不时地玩一些对智力有好处的游戏。

7. 如果你因为这部手机而将自己的学习或者生活搞得一团糟,我会将这部手机收回。

有条件的还可以去博物馆和科技馆感受一下人文科技氛围，让孩子的注意力从手机中有效转移出来。

三是学会指导孩子使用手机，并积极参与其中。了解孩子用手机玩什么、看什么，了解孩子的手机使用习惯和使用心理，想办法参与孩子使用手机的日常，有针对性地指导孩子用手机查资料、听音乐、玩益智游戏。如果孩子玩手机已经严重地影响学习（如作息混乱）或身体健康（如视力衰退等），那就要进行严格限制。

对于手机的使用，要协商性地与孩子“约法三章”。有条件的话可以与孩子共同制订手机使用计划和协议，让孩子对手机的使用时长、内容和方式做出承诺，家长可定期检查和督促，并及时进行总结和指导。总之，不能放任孩子使用手机，也不能一味封堵，尽可能在与孩子商讨以后，确定手机使用的规则，培养良好的手机使用习惯。

四是家长要以身作则，有节制地使用手机。在日常生活中，不管孩子在不在场，家长都不应该时时拿着手机看。如果大人自己都没法控制玩手机的习惯，又怎么能说服孩子不玩手机呢？身教重于言教，家长必须做好孩子的榜样。自己做不到的事情让孩子做，绝对是没有效果的。要用自己良好的手机使用行为引领和带动孩子。孩子在身边时，尽可能放下手机，多陪陪孩子，与他聊聊天、说说话，或多看看书，做做家务。即使是在孩子做功课时，家长也要尽可能远离手机，可以坐在一旁陪陪孩子，或者做一些与工作相关的事情。这需要家长保持耐心和恒心，学习在智能手机的环境下,规范自己的手机使用行为,与孩子形成互相督促的生活氛围,培养健康的手机使用习惯,促进孩子健康成长,提升家庭的日常幸福感。

一个低头族的脱瘾札记

1

大学毕业后,我得了手机依赖症,而且病入膏肓。看看百度百科对“病入膏肓”的解释就知道我这样说并不夸张。

2

早晨醒来,第一件事就是睁着蒙眬的双眼四处摸手机。打开新时代“三大件”—— 微博、微信、QQ。刷刷动态,看看有无聊天信息。然后发现微博多了些无关痛痒的娱乐新闻和搞笑段子,微信朋友圈和QQ空间多了几条更新,而聊天信息为0,并没有人找我,略感失望。

刷完手机,一看时间,7点了。赶紧爬起来洗漱。于是把手机带到洗手间,一边洗脸刷牙,一边听着音乐。

早餐时间,右手往嘴里塞着早餐,左手食指不停地滑动手机屏幕。无非就是看看新闻、刷刷微博。

吃完早餐出门,用耳机听着音乐走到公交车站,等车的空隙发条微信朋友圈状态:“又一天清晨,动力十足,准备出发!”然后在公交车上就有的忙了:等待着右下角的红点出现,迫不及待地打开，会心一笑地看着点赞的数量不断增加，乐此不疲地回复着别人的评论。

3

到了公司，开始一天的工作。在电脑前处理文件，去别的部门处理业务，向上司汇报请示等。忙忙碌碌一整天，感觉时间过得飞快，但仔细回味，又说不清楚到底有多少收获。

午休时间和工作空隙，玩个手机小游戏，刷刷“三大件”，偶尔回复同学、朋友的聊天信息。

下班回家的公交车上，永远是同一个姿势：头微微低下，双手捧着手机，两个大拇指和右手手指不停地点击屏幕。在嘀嘀嗒嗒的消息声中和忽暗忽明的屏幕前，坐过一站又一站。

晚上吃完饭，难忍手机依赖，在游戏、小说、新闻和聊天信息中自由切换，不知不觉就到了11点。看得困了，手机也常砸到脸上或“咣当”一声掉到地上。

4

周末和朋友聚会，一声声的嘀嗒声，不断地打断和朋友的聊天。大家悄然不觉，在眼前的朋友和屏幕另一端的朋友之间切换对话，且乐此不疲。有时候就这样在切换中忘了一开始聚会的初衷，把本来要分享的趣事或烦恼抛在了脑后。

那天回家，妈妈说：“手机是你最爱的人，我想跟你说句话都没有机会。”

“妈，我有吗?”

“你整天就跟着手机一起过日子。”

5

作为一个手机依赖症重度患者，我是如何意识到这个问题的严重性的?

因为我的视力下降了。

视物比以前模糊了一些，眼镜需要换度数。这着实吓了我一跳。

还有一个原因，我遇见了大橙，之前大学里的一个学霸，也是我曾经的竞争对手。在学校的时候我们水平差不多，而毕业短短一年，她练瑜伽、看书、弹吉他、去旅游、升职，精神状态跟我完全不一样。

我受到了双重刺激。

6

我曾经也是一个上进的青年，所以是有下决心的勇气和自制力的。我把戒手机的过程分解成几个步骤。

· 找参照物，下定决心

所谓找参照物，就是找一个比自己优秀、可以比照的人。比如我把大橙当作参照物。每个人的朋友圈里都有比自己优秀的人，他们就是我们的参照物。既然大家水平差不多，为什么他们可以做到的事情，我们做不到?

· 当行动派，做出计划

买一个漂亮的本子，根据自己的实际情况制订计划。

· 安装三个好用的 App

"朝夕日历": 一个公众号，专注于时间管理。里面有各种有趣的、有助于我们提升自己的活动。还有最火的21天早起计划。加入它,做晨型人。

“我要当学霸”:一款监督软件。我们可以设置学习时长,然后选择监督模式。一共有三款监督模式,都挺有效。

“咕咚”:号称全球最大的运动社交平台,可以加入同城线下跑团,找到同路人,也可以记录自己的跑程。

· 培养一个兴趣爱好

可以练瑜伽、学乐器、打球、摄影、画画、学书法、插花、绣十字绣、学烹饪、旅行、学习一门外语……

· 利用好早晚时间

我每天玩手机最多的时间就是早晨和晚上。如果能利用好早晚时间,那么一切就都解决了。

早晨:使用“朝夕日历”,加入21天早起计划。也可以邀请好友一起。早起打卡后简单洗漱,使用“咕咚”App出门慢跑半小时。晨跑能给人一整天的清爽,不信你就试一试。

早餐时间:把手机放在距离自己两米外的地方。放得远是为了避免边吃饭边玩手机。

等车和坐车时间:开启“我要当学霸”App,把时间设定在一个小时。一旦设定,意味着这一个小时不能动手机,否则就要接受惩罚。既然玩不了手机,就可以欣赏沿途的风景,或观察身边发生的事情,其实很有趣。或者,梳理头绪,在头脑中做一个日常计划。在下班的车上,可以想想一天发生的事情以及需要改进的地方。

晚上:散步半小时+阅读一小时+兴趣爱好一小时。长期坚持这三项,定会收获意想不到的效果。

· 拉人入伙

如果觉得自己坚持不下来,找一两个朋友互相监督鼓励。最好是三个人,因为两个人也难免会偷懒。

· 引入游戏机制

这一点适用于周末聚会。大家坐在一起聊天,所有人把手机调成静音。制定一个游戏机制,谁先拿起手机就进行惩罚。

· 养成好习惯

每天晚上11点准时入睡,6点准时起床。不再刷手机到深夜。周末固定拿出一天时间,半天用于整理家务,半天用于爱好。

7

最后,我坚持了下来,成功戒掉了手机依赖症。我卸掉了许多浪费精力的软件。没有要事,不再漫无目的地刷手机。我收获的是成长和进步。

第三节　敬畏与超越:低头族的智慧生存

你知道吗？

世界各国对青少年使用手机各有限制。

英国:英国政府曾向全国所有中小学寄出警示信,指出儿童使用移动电话会对健康造成潜在危害。督促所有中小学校长,严格限制16岁以下的学生使用移动电话,除非遇到紧急情况。因为“儿童大脑16岁前一直处于发育阶段,任何来自辐射的危险都很容易对其造成伤害”。

芬兰:禁止向青少年推销手机服务。芬兰法院决定,禁止芬兰无线通信公司直接向青少年推销手机入网等移动通信服务。违反这一禁令者,将被处以最高10万欧元的罚款。

2011年,芬兰儿童保护协会与芬兰媒体教育中心、家长协会合作,在所有的基础学校(相当于中国的小学和初中)为低年级学生及家长、老师举办讲座和主题日活动,培训指导儿童正确使用手机和电脑,专门为低年级学生建立电子游戏网站,提供适合他们玩的游戏。

意大利:颁布法令:“为了避免手机铃声扰乱课堂秩序,

禁止学生在教室里使用手机。防止学生使用摄像头胡乱拍照。"规定还要求学校惩罚那些不听劝阻,坚持在课堂使用手机的学生,具体措施包括没收手机和期末考试不予通过等。意大利教育部长说:"如果违规情况严重并产生了一定的法律后果,或危及安全,应考虑采取更严厉的惩罚措施。"

日本:日本文部科学省致函全国各中小学:"禁止学生携带手机上学,高中要制定禁止学生在校内使用手机的规定。"而一些私立学校则由学校统一购置学生定制手机,上课期间统一关机。

该公函指出:"中小学生携带手机上学,不仅影响学习,还会导致色情、暴力等有害信息泛滥,给学生身心健康带来恶劣影响。""建议手机开发商生产专供中小学生使用的简易手机,功能包括限定通话对象等,以满足家长紧急联络学生的需要。"

美国:美国200多所公立学校联合禁止学生使用手机。佐治亚州规定,在下午3时放学之前严禁学生使用手机,一旦学生违反规定,老师可以将手机没收,并对当事者进行违纪处理。目前,美国大多数中小学不允许学生使用手机。

韩国:韩国政府颁布法规:"对青少年使用手机进行监管,限制青少年使用手机。"法律规定:"青少年手机用户要签订一份单独合约,要求他们和父母一起参加手机费用封顶计划。青少年手机用户每月使用的手机费用不能超过40美元。”合约还就如何节省手机费用向青少年和他们的父母提供建议。

一、仰望星空:追寻高尚价值

当前的网络流行文化,包括黑客文化、粉丝文化、恶搞、网游等,在手机上实现了全面对接。网络文化的世俗性在使青少年的审美趣味走向草根化、世俗化、前卫化的同时,也导致虚无化、低俗化的偏向。青少年的辨识力不强,在解构主义、虚无主义的文化扭曲中,在娱乐化、恶搞化的虚拟空间里,容易造成价值观的混乱、文化的断裂、社会认同的弱化。比如在网络空间中,青少年很少去追逐英雄模范人物、科学家和政治领袖人物,而更崇拜世俗的明星。对诚实生活、勤劳努力的人,平凡真实的世界不感兴趣,而对那些靠炒作、博出位的所谓“网红”趋之若鹜。部分青少年低头族出现价值观和人生观扭曲,表现为对审丑文化、享乐文化的崇拜,在网络空间中,颓废主义的生活取向以及极端的个人主义行为取向也比较突出。

删除所有社交网络账号的“网红”埃森娜·奥尼尔认为,“人们交谈、分享和给予,不是因为你好看,而是因为你说了什么、做了什么或创造了什么”。一个人要想真正地“发挥作用,实现价值,赢得尊重”,更多地要靠其在现实生活中扮演的角色,而不是通过手机蹭热度、博出位。

在现实生活中适当给自己定位,找到自己务实向上的生活目标,在自己的角色定位中有所作为,是每个人的现实生活议题。学会自我认知和自我反思,善于自我调适和自我控制,走出对手机的深度迷恋,回归正常生活,这对低头族来说可能很辛苦、很艰难,但是只要下定决心,从此前行,一点一点地去矫正,一步一步地去纠偏,一定可以走出困境。

智能手机和互联网是现代人生活必不可少的工具,拥有手机并让其为自己的生活服务是一种平常而又必需的行为。在信息时代,大量信息的获取是离不开手机和网络的,大量工作和日常生活的服务都聚合在手机上,更为重要的是,手机是学习和社交的平台,有着取之不尽、用之不竭的资源。

如今,智能手机作为主要的社会交往载体和主要信息传播媒体,地位越来越高,过去强大的报刊、广播、电视等媒体,在智能手机的冲击下,已经不断地走下坡路。智能手机成为人们接收信息的主导性媒体。

一点上网,世界共享。手机成了当代人接收信息和知识,进行社会交往的主要工具。一次简易的滑屏,世界就在眼前,应有尽有的资讯会被快速地推送过来;通过简易的搜索和定位,一个陌生的地点或一个要寻找的人会很快被找到。手机的“魔法”和无穷魅力,神奇的数字世界景观,给人们的生活增添了无穷的惊奇和精彩。它不断刷新着人们的心智,创造着一种新的社会关系,改变着人们的生产生活方式。

青少年充满好奇，通过手机开展各类社交、娱乐、信息搜索是一种最平常的生活化实践，玩玩手机游戏也是合理和必要的。一方面，智能手机跨越了时空限制，扩展了青少年全球化的眼界，有利于他们在全球化、世界经济一体化的世界里获得新知，塑造更丰富的科技文化涵养，形成更强烈的世界公民意识。但另一方面，这种一体化也带来了一些问题，那就是身份意识的混乱、民族认同感的减弱、民族身份的逐步模糊。网上畅通无阻的多元信息，尤其是占强势地位的西方国家的信息，会对青少年的人生观和世界观产生强烈的冲击，给优秀传统文化的传播带来巨大的挑战。坚持理性、理智上网，提升个人修养，维护公共利益，遵守公共道德，是低头族形成良好视野的前提。

一个民族有一些关注天空的人，那样才有希望；一个民族只关心脚下的事情，那是没有未来的。经常地仰望天空，学会知识和技能，学会思考，学会做人，做一个关心世界和国家命运的人。这对低头族来说，非常具有启示意义。

当前，我们正处于全球化和社会急剧转型的时代。在这个时代，多元的制度、多元的思想，各种意识形态都反映在网上。封建迷信思想、颓废没落情绪、野蛮落后风俗等与现代公民品行背道而驰的东西，在移动互联网上沉渣泛起，兴风作浪，很容易导致人的迷失。尤其是对人生阅历不够的青少年来说，更是一种心灵的毒药。

在移动网络时代，低头族面对的虚拟环境既是现实环境的映射，又与现实生活互相沟通，线上线下的互动越来越突出。做一个合格的社会公民,必须树立正确的网络观,将科学与文化、文明结合,营造良好的移动网络文化。

在信息爆炸的移动互联网时代,坚持人的主体性,坚持人对技术的主动把控地位至关重要。树立正确的网络文化观,关键是要把正确的人生观和价值观同网络文化有机融合,以社会主义核心价值观为根本标准。传播信息、接收信息要以文明建构和文明进步为立足点,规范自己的网络行为,提升面对种种诱惑的自控能力。这需要国家、社会和个人的协同努力。

从国家层面讲,加强和完善移动互联网的规范化、法制化管理,建构和维护良好的网络文化氛围,把技术的进步与文明的进化协同起来,建立有效的机制,规避“电子海洛因”的危害,是当前的紧迫任务。加强互联网文化建设,建构清朗的互联网空间,把文化自信和文化自觉有效结合起来,树立有中国特色的社会主义制度的认同感和民族文化自豪感。加强青少年科学的人生观、价值观教育,培养健全的人格和高尚的道德情操,使其能够有效抵制网络信息中腐朽、落后、低俗、有害信息的诱惑,自觉维护、构建风清气正的网络空间。

从社会层面看,家庭、学校、社区要形成合力,加大青少年参加社会实践的力度。加强健康向上的网络文明建设,提供文明、健康的网络传播资源。广泛提供有针对性、趣味性、信息量丰富的网络内容,特别要加强网络学习功能和内容的开发。加强网络道德建设,提倡与时代精神相适应的移动互联网伦理,让青少年面对各种道德问题时能有正确的判断力，不断在实践中提高他们的行为准则。

从个人层面讲，趋利避害，扬长避短，积极合理地使用手机，是每一个公民健康生活的基本素养，也是每一个公民对社会应负的责任。我们要从自身做起，扩大网络优势，减少网络弊端。每一个人都应该为营造一个健康、安全、有序，具有活力，没有污染的绿色网络环境做出自己的一份贡献。我们要提高个人素质，讲究社会道德，依法文明上网，增强辨别信息的能力，不要被网上鱼龙混杂的信息蒙蔽了双眼；要有明辨是非善恶的能力，取其精华，去其糟粕，不要让那些想利用网络实施违法犯罪活动的人有机可乘。

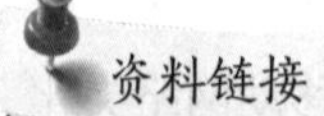

资料链接

“天将降大任于是人也，必先删其微信，卸其QQ，封其微博；收其电脑，夺其手机，摔其iPad；断其Wi-Fi，剪其网线，使其百无聊赖。然后静坐、喝茶、思过、净面、理发、整衣、锻炼、读书、弹琴、练字、明智、开悟、精进，而后必成大器也。”开学时，一些学校在电子大屏幕发布这段新编“孟子名言”，很多家长看后会心一笑，纷纷拍照转发。

严格遵守网络行为规范，具备信息甄别与鉴赏能力是低头族的基本素养。在互联网和移动互联网上，要履行一个合格公民应尽的责任，为净化网络空间做贡献，为社会文明和网络文明做贡献。树立现代高尚的价值追求，这是一个社会工程，也是每一个人的新媒体素养提升工程。其底线是,不论网上多么纷繁复杂,一切言行都必须在法律和规则框架之内。守住理性,才好辨明是非,既不过激,也不退避。以“上网有底线”与“言论有界限”为基点,遵守和维护社会公序良俗,做一个维护自己尊严、他人尊严和社会公德的有品位的低头族。

二、抬头交流:营造美好生活

最近,网上出现了一种聚餐使用手机规范:聚餐时,所有人都不能看手机,所有人将手机拿出来屏幕朝下放在一处;每人有一次接电话的机会,但必须响铃 7 次以上,接电话的时间不得超过 3 分钟 …… 这则由网友自己制订的“餐桌使用手机规范”在网络上广泛流传并引发热议。面对这个“规范”,不少人认为非常有必要,“虽然有开玩笑的性质,但对我们也是一种提醒”。这个问题

不少美国人主动设置隔离机制,减少手机依赖对生活造成的影响。近年来,旧金山的咖啡馆率先开始抵制 Wi-Fi 的做法受到人们的赞同。2012 年,美国一些网友提出倡议,在朋友聚餐时交出手机,并将手机叠加在一起,第一个忍不住碰手机的人需受罚,为聚餐买单。这些想法发布后在网上受到普遍欢迎,“叠手机”游戏迅速风靡起来。部分美国人开始在家中积极创造脱离手机的环境,一回到家就将手机放到特定位置。

的确触及社会的一个痛点。

从“手机人”到“低头族”,现实社会交往的畸变和迷失,让人们深受其害。面对移动社交衍生的种种怪象,国内外陆续出现一些“反向社交”活动,引发社会关注。美国“反向社交”网站推出“其他人都在哪儿”活动,其原理是“躲着熟人走”,即追踪用户在线好友可能出现的位置,然后提供避开他们的路线。创建者希望通过这种略显极端的方式让人们重新找回“独处”的感觉,避免网络过度喧哗和嘈杂的侵害,避免虚拟世界过度剥夺人们的现实生存能力。

当下,最让人们感到刺痛的“手机病”,就是低头族的冷漠症。与在手机上疯狂而热情相反,低头族们在日常生活中缺乏热情,生活萎靡,与亲人、朋友、同事缺乏交流,有些甚至是零交流。因为玩手机将别人或被别人晾在一边的经历,可能不少人都有过。一种是对别人的忽略,另一种则是被别人无视后的尴尬。美剧《生活大爆炸》中展现了滑稽但颇有寓意的一幕:主人公之一的拉杰和女友第一次约会时,两人在图书馆里面对面,用手机上的社交软件相互发信息。这一场景好似黑色幽默,让人不禁感叹,科技给人带来的如果是这样一种生活,人都被机器操控了,那么我们到底是进化还是退化了呢?

手机时代引发了人们广泛的怀旧感。当下,诗意乡愁是人们热议的话题。美好的户外时光,爷爷奶奶在月下讲故事之类的美妙时刻都已经远去,给人留下无尽的怀恋。昔日邻里之间互相串门,互相帮衬,亲如一家的情景也着实让人怀念。手机,如同它冰冷的外壳一样,让不断疏离的人们之间的关系变得更加冰冷。以前的邻居,甚至自己朝夕相处的家人,因为手机的隔离,都成了熟悉的陌生人。

我们急需处理好手机和生活质量的关系。被冰冷的屏幕控制的生活,对以理性和情感维系生活的人类来说,绝不是什么福音。“人为万物之灵”,若不能对手机的使用加以节制,在亿万人的手机生活中找回人的主体性,生活必然会有各种麻烦,甚至会产生生存危机和难以解脱的困厄。

特别重要的是,要分清屏上世界与现实世界的区别,屏上的世界再好也不是现实生活。网上社交有很多好处,也是生活的一部分,但决不能取代现实中的人际交往,尤其是面对面的直接交往。美好的亲情、真挚的友情、纯洁的爱情、自然生态中的各种美好的情感,都需要在自然状态中建构、实现和延展。线上建构的强关系(如以微信为载体的关系)要在现实中验证和强化,线上建构的弱关系(如以论坛、微博为载体的关系)更需要在真实生活场景中辨识。线上生活是一种泛在的虚拟,真正美好的生活还在我们脚下的土地上。

“听其言,观其行”是建构社会交往的基础条件。而在网上,只有发言,只有不确定的变形的表演性行为。因此,低头族要清醒地认识到,网上社交只是人们交往的一种补充,而不是主体。放下手机,从线上下来,拿出足够的时间与家人相处,与朋友交往,才是人生的常态,才是美好生活的根基。

三、走出囚笼:提升主体意识

当下“屏奴”和“手机控”的说法,形象地解读了低头族的特征。过度沉迷于手机,人们就会丧失自身的主体性。智能手机和移动互联网是人类最精彩的科技创造之一。但是,一旦被手机奴役和控制,人就会成为自己创造的技术的囚徒,丧失自主的能力和自由的地位。低头族需要解救自己,让自己成为手机的主人。防止过度沉迷,首先要打破网络和手机对个人主体性的囚禁,要充分认识网络和手机的利与弊,兴利除弊,把自己从被手机囚禁和奴役的被动状态下解放出来。

(一)充分认识手机的优势和弊端,优化手机使用体验

智能手机将来会发展成什么样子,现在还难以预测。也许会像马云所言,5 年后手机就消失了。他预测将来的互联工具可能是可以镶嵌在手掌上的一个小软件,或者是内嵌眼睛、耳朵旁边的一个小饰物,又或者是像钥匙一样联通身边所有智能装备的一个小开关。但有一点是确定的,贴身性和便利性是移动智能媒体的内核,每个人都会用它,每个人还得通过这些随身设备进行阅读和观看,它们在人类的生活中将扮演更加重要的角色。还需要确定的是,技术的进步必须为人类的幸福服务。人是自己生活的主人,不能被手机奴役。人类既然创造了手机,创造了

智能技术和互联网技术,就应该有智慧成为手机的主人。

因此,对于手机的使用,不能因噎废食,即使是对青少年,也不能简单地一禁了之。在人手一机时代,我们每个人都要适应这种智能环境,提升自己的主体意识,能动地、积极地使用手机。或许,低头族只是智能手机和移动互联应用的阶段性产物,可能会在智能手机高度进化以后呈现出不同的面目。但有一点是明确的,未来的智能互联空间将会更精彩、更卓越。问题是,再精彩的网络虚拟空间也不能替代人的现实生存空间。手机的确拉近了人与人之间的物理距离,但低头族的冷漠症却拉大了人们的心理距离,抽掉了人类赖以生存的人文情怀中的很多元素。线上的世界对生活很重要,人们离不开它,但是光有线上的世界,生活一定是残缺的。人类珍贵的心理空间和人文情怀仍需要线下的建构。科技的进步是人创造的,科技带来的负面问题终究需要人们的有效治理;人们也一定有足够的能力去减少和消除其带来的危害。

(二)深刻认识过度沉迷的危害,警惕成为屏奴

新媒体时代,人是手机的奴隶还是主人,这是一个值得深思的问题。屏奴,这种新时代的奴隶的一个特点就是隐蔽性。在几乎人人都能用上智能手机,在草根与精英都能在微博、微信上共同狂欢的时代,很少有人质疑现实的合理性。

几年前,苹果手机掀起智能手机热时,有一条主题为“放下手机,最好的风景就在你身边”的广告,内容发人深省。该广告倡导用户放下手机,跟身边的人交流。而星巴克也曾经推出名为“抬

头行动”的社会化媒体活动,鼓励人们用一杯咖啡的时间,让自己停下来歇一小会儿,抬起头,欣赏周遭风景,与最爱的人聊聊。这些都引发了人们的赞赏和共鸣。

但是,在手机覆盖了一切,全面侵入我们生活空间的时候,很多人陷入了一种欲罢不能的“赌徒状态”,知道这种行为不好,但就是戒除不了。很多低头族有一个突出特征,一方面认识到低头的危害,一方面控制不了自己的行为,手机恐惧继互联网恐惧奔袭而来。这体现了人们在当前社交媒体环境下的焦虑感和危机感。一方面乐此不疲,一方面又怨声载道;一方面把它当作福音,一方面又将它视为恶魔的诅咒。最心急火燎的是青少年的家长们,他们把青少年的手机痴迷当作洪水猛兽,而孩子们对家长的“手机控”行为也是怨声载道。

智能手机带来的烦恼是一种时代病,造成了当代青少年与家庭关系的新困境,人类社会交往的新问题。相关研究发现,即使不过度沉迷,手机对亲密关系也有一定的负面影响。比如一对情侣在面对面私谈时将手机放在身边,即便没有使用,也可能影响情侣关系的质量。手机就是夹在人们亲密关系间的“第三者”。研究还发现,智能手机等支持社交媒体的产品即使在静态下,也会分散人的注意力,因为手机持有者会在意其在手机中所关注的内容和相关交往者的状况。也就是说,只要手机在身边,人就处于一种“待任务”状态。

据《环球时报》报道,英国剑桥大学曾在2011年就科技进步对现代生活的影响调查了4个国家,发现其中3个国家(澳大利亚、英国和美国)仍将面对面交流作为主要沟通手段,剩下的那个是中国,国民当面交流占所有沟通方式的比例低于50%。

在日本,使用手机或iPad等与外界联系的人逐渐增多,导致日本社会面对面交流减少。一家人在一起吃饭时,中小学生经常边吃边看手机,不与父母交谈,导致家庭关系出现问题。

焦虑和压抑也是手机成瘾症患者的问题,但孤独感和与工作有关的压力也不容忽视。比如,一名父亲在一家人聚餐时收发办公邮件,就是这种问题的表征。

互联网中毒预防专家认为,长时间使用智能手机会产生一种类似快乐荷尔蒙的物质,使用时间越长,这种物质分泌越多,而这种物质是促使成瘾的重要元素。从心理层面看,智能手机所支持的社交媒介在很大程度上剔除了现实空间中的实体要素,提升了普通人的话语权,而相关的其他实体权则被边缘化了。在网上,谁的声音最大,谁的权力就最大。现实生活中的财力、权力、等级和地位,在网络空间中难以像往常一样发挥作用。因此,手机受到青睐也是因为其补偿了不少人在现实生活中的缺失。很多手机沉迷者在这里找到了自己的"乐土"。那些在现实生活中遭到孤立和隔离的人,可以在手机空间中构建自己的虚幻形象,以反常性引发人的关注,在网络上获得人气,这更加剧了他们对手机的痴迷。

从根本上讲,移动互联新媒体带来了以积极效应为主的社会变迁，而且这种社会变迁是不可逆转的。智能手机对当代青少年的生命历程产生的重大影响，是他们的生命胎记，低头族也注定会在这个时代留下历史的烙印。当代青少年在这一伟大的历史进程中，所要考虑的是怎样去应对，怎样去积极调适。

人际关系需要积极的建构，需要时间、耐心、人文情怀和责任担当。而在网络社交中，这些都不是最重要的，一时的冲动和点滴奇思妙想就行。沉迷于手机是一种表象，更应警惕的是我们对生活的热情、爱的能力、人文情怀和理性品质正在被严重地侵蚀，交往在变质变味。比如虚拟网络中的社交达人其实是真实生活里的冷漠者；网络上的大声喧哗者，可能对自己的亲人也懒得多说句话。我们常常被圈在这样的手机世界里，在众声喧哗中品味孤独。更严峻的现实是，这种"新时代病"正在肆无忌惮地被复制，被病毒化地传递给下一代。

资料链接

据《2014国民家庭亲子关系报告》的数据显示，51.8%的父母与孩子共处时会看手机，分散了对孩子的注意力。在2016年元旦假期进行的一项调查也发现，如今的年轻家长习惯于向手机"低头"。很多学生因此发出"呼救"，希望爸爸妈妈和他们在一起时"抬起头"，多陪他们说说话。

在"手机依赖症"的侵袭下，很多父母也步入了误区。他们并不缺乏对孩子的爱，他们会"陪着"子女，却不会陪伴他们。有时一些不智的父母还会让手机来陪伴孩子。还有不少父母极度沉迷在手机的虚拟世界里,不愿也不能承担其在现实世界中的角色责任。原本可以在父母那里找到温暖和安全感的孩子,却由于这些“手机沉迷”家长的疏忽和懈怠,情感需要难以得到满足。前人在做,后人在学,缺乏家庭陪伴和关爱的孩子总是有一定问题的。在移动互联网时代,这种问题自然就转到手机这个“问题载体”上了。

资料链接

近期,手机上聊天软件不断传来新消息的提示音让韩国公务员金某心神不宁。4个月前,他将妻子患癌症的消息发到朋友圈,此后接连不断收到不认识的人发来的慰问信息,而且越来越多,回应起来没完没了。如果对慰问不做回应,又担心被人抱怨。此后金某想退出聊天群,但不知不觉又被别的朋友添加其中,“感觉像被关进了网络监狱”。金某对此懊恼不已。

正常的社交活动都有一定的习俗和规范,使用手机同样如此。不仅要自尊,还要尊重他人,即要有悦己悦人的礼貌行为。如果你在和朋友交流时不停地摆弄手机,会让对方感到这是无礼行为,觉得你缺乏诚意。在公共社交场合,你一直低头看手机,对别人的言行和一切不加理睬,或者哼哼哈哈,也会让人觉得你对交谈不重视,对他人不尊重。因此,我们需要有文明使用手机的生活习惯,尤其要大力提倡在公共场合的手机使用礼仪。

（三）兴利除弊，提升健康使用手机的主体能力

如何走出低头族的陷阱，预防“手机依赖症”呢？理论上有很多方式和建议，看起来都有道理，但很多成功走出迷局的低头族的切身体会可能更有启发性。他们建议从最简便易行的方式切入，长久坚持，必有所成。

1. 用书和音乐陪伴代替手机陪伴。与其晚上由手机陪伴入睡，不如把手机放到一边，让它离自己远一点；听听音乐或看看自己喜爱的书籍来放松自己，帮助入睡。通过这种转移注意力的方式，慢慢摆脱对手机的依赖。

2. 用面对面交流代替手机交流。每天坚持做到留出一个小时的时间陪伴家人一起聊天；在与朋友聚会时来一个约定，每次聚会，不要玩手机；跟自己立一个规矩，每天玩手机的时间不要超过两小时，周末有一天不带手机，让自己自由一次。

3. 用知识充电代替手机充电器。很多人上班坐地铁、公交，会拿起手机消磨时间，还会随身带个充电宝。其实，我们完全可以用看书或沉思默想来代替玩手机，这样在路上就不必充电，也无须带充电宝。

4. 用“系统脱敏”代替“一刀切”。当下，很多人都深知手机的危害，也很有决心，想立马“戒断”对手机的依赖。如能做到当然是好的，但多数是欲速而不达，最终听之任之，这是最不好的。一般来说，养成一个习惯需要 21 天，而要想戒掉一个习惯则至少

需要3倍的时间。因此,要想戒掉对手机的依赖,可以采取小步快跑的方法,每天进步一点点,从减少使用次数开始,慢慢戒掉对手机的依赖。

最早给网络成瘾下定义的美国网络成瘾中心执行主任金伯利建议,要治疗青少年的网络成瘾和深度手机沉迷,要做到“五管齐下”:1. 学校管理者要充分认识到网络成瘾和手机沉迷的危害,采取有效措施,规范管理学生上网,约束学生的网络和手机使用行为。2. 添加“网络成瘾”“手机依赖”等课堂内容,对学生进行网络成瘾、手机沉迷的危害教育。3. 发现学生有上网成瘾的苗头,老师和家长要及时疏导。4. 注意发展替代网络和手机的多种活动,培养学生多方面的兴趣,扩大学生与外界的交流面,让学生多参加集体活动。5. 通过多种有效方式,引导学生全面了解互联网和移动互联网的利弊,共同讨论该如何正确对待、运用手机和网络。

金伯利认为,通过这种方式,让网络成瘾和手机成瘾者重新认识网络和手机,而不是彻底与网络、手机“断交”。智能手机等电子产品只是工具,不是我们的朋友,也不是我们的敌人,关键在于我们怎么去用它们。因为我们每个人都是自己的主人,更是手机等智能工具的主人。

四、深度运用:畅享掌上世界

从根本上讲,用最新的科技成果为人类的幸福服务,是一切科学发展的真谛和技术进步的动力与源泉。网络和手机同样如此。对智能手机的运用当前还处于初级阶段,各种智能移动技术的运用和运营还处在野蛮生长阶段,各种不规范、缺乏社会责任的行为也大量存在。相信不久的将来,对手机使用的技术责任控制和社会管理会不断加强,相关法律法规也会不断完善。但是管理的目的是为了更好地运用,强化运营商的责任是为了使手机更好地为人类造福。

适度、合理地使用手机,必须与深度、科学地使用手机相伴而行。手机不仅是通信技术和移动互联技术的重点,还是移动互联技术发展的新起点,需要全社会的共同努力,需要每个用户自觉、充分开发和运用手机的深度功能,使之成为人类智慧发展、道德提高的助推器和守望者。

(一)为自己负责,培养深度运用手机的志趣

对历史和生活保持敬意与温情,是一种负责的生活态度,是一种有价值的生活。从人类发展史和技术进步史来看,互联网络、人工智能、移动互联网是最伟大的创造之一,是人类创造力最新的完美表现,具有美好的发展前景。正在快速发展的大数据、云计算、智能算法,都正在带来手机功能的深度开发。《人类简史》的作者尤瓦尔·赫拉利表示,大数据带来了权威的转移,权威正在从人的情感转移到电脑算法上。在他看来,拥有强大计算机算法的谷歌和亚马逊就可以告诉你,在众多的候选人中,谁适合与你结婚。因为大数据可以精准地把每个人的性格、行为资料

聚合梳理得十分明了,你去跟不同的人约会的时候,它都知道他(她)们对你的心跳有什么影响。“电子算命”在大数据时代已经是一种具有科学依据的活动。因为大数据会告诉你,从你出生它就开始跟踪你,你所有的邮件它都读过,你所有的上网行为都被它分析在案,它知道你的心率、血压、DNA……

在这种情况下,大数据所即时描画的个人行为特征和心理世界基本与个人的实际特征相接近。基于个人行为和心理需求轨迹的信息的精准推送,已经成为智能手机占优势地位的功能。人工智能的数据分析能力在不断提升。

未来,基于深度学习的人工智能不仅能为我们解决生活中的诸多问题,还可以帮助我们规避风险,维护生命安全,并被广泛应用,在更好地提升用户体验的基础上,产生越来越大的用户价值。个性化、精准的资讯、医疗和教育服务,可以对个人健康、出行、理财风险等进行精确预测和提示,应用前景无比广阔。

人工智能和互联网技术总是不断给我们带来惊喜,这些都会在不久的将来延伸、连接到我们手中的手机和相关的可穿戴智能设备上。这也是人类技术进步史中的百年巨变、千年巨变。低头族就是在这一巨变中出现的一种阶段性产物。过度的乐观主义和过度的悲观主义都是不恰当的。但是,历史发展的潮流总是泥沙俱下,漠视问题也是可怕的。

了解这一切,了解人工智能和移动互联网的美好前景,了解其深度运用对人类的福祉,使我们可以从狭隘和短视中走出来,学会深度运用手机的“点金术”，从而使自己成为一个创造性使用手机的智者。

（二）与数字时代共进，培养深度使用手机的能力

移动互联网时代，人工智能技术为人类知识的创造和传播提供了全新的载体。通过手机，我们不仅可以全球性地交换信息，即时与千万人交流互动，自由表达思想和情感，还可以非常便利、高效地获取海量知识、创造新知。人工智能时代的知识传承和更新更加依赖手机，移动媒体显然是一个新的智慧精灵。但是，手机所带来的信息过载、知识垃圾、文化冲突、伪知识、伪科学、虚假信息、网络谣言等负面问题也非常严重。手机的基础功能还是媒体功能，媒体知识和信息的快餐化、浅表化特征比较突出。同时，追求猎奇性、反常性和刺激性也会使其推送的信息和知识变异，进而扭曲人的价值观。大量碎片化、无厘头的知识和信息，浮躁的、偏激的、病态的东西随处可见。尤其是一些被毒化了的知识和信息，在移动互联网的传播语境中，将危害病毒式地放大。芜杂、任性的互联网世界需要人们更深刻、更有智慧的运用能力。

在“刷屏族”数量激增的同时，人们的阅读习惯也随之改变。新技术的进步减少了青少年的阅读时间，年轻人正面临读写能力下降的严峻问题。在互联移动媒体上，大量浅表性的知识、重复性的信息、垃圾化的内容导致人们在信息过载中失去了深读的能力，深度学习所需要的静心和沉思能力退化。不少青少年除了网络流行语外，连一句比较清晰顺畅的句子也写不出来，连一篇连

贯的文章也驾驭不了。如今,受网络媒体和数字技术的影响,我国民众数字化阅读接触率已超过五成,快闪化的浏览成为主要阅读方式。

数字时代,人的阅读能力退化以及手机载体带来的快餐化文化并不意味着智能互联网本身都是反智的,人们尚不能对其进行有效的应用才是问题之源。前文已经讲过,互联网在深层储备和开发人类珍贵的创新能力上的潜力是无可限量的,关键是要有“吹尽狂沙始到金”的思维和能力。首先要克服手机阅读的思维惰性,从技术开发、技术应用和人的接受上运用移动互联网强大的正向功能,深度开发其巨大的潜能。作为手机等移动媒体的使用者,我们不能因为对手机的溺爱而丧失自己的主体性,不能被其吞噬正常的阅读和思维能力。

可以说,当前的浅阅读、碎片化阅读、扫屏或浏览对人的深度、系统学习能力带来了不利的影响。将来的技术进步可以在一定程度上克服这些问题,但是我们不能坐等,而是要因势利导,充分发挥互联网学习的优势,用好手机所能发挥的正面作用。同时,要努力提升阅读品质,提倡深度学习,尤其要利用好智能手机和数字技术,强化学习的效能和质量。

(三)把使用手机作为创新的窗口,发挥其在全民学习和终身教育中的基础性作用

要发挥网络和移动互联网对教育和学习的革命性提升改造功能,建构智能时代更加先进、科学的学习方式。目前,利用移动

终端，加强全民学习和终身学习的体系建构，是一个紧要的问题，其中智能手机的在线学习和文明推进正处在一个历史性的关口。

比如通过微信、QQ 等与学生建立经常性的深度互动联系，建立班级性群组；通过智能手机的相关软件布置家庭作业，进行政治思想工作和心理问题调适，对学生活动进行掌上管理；建立移动互联教室，推动相关内容的学习；通过电子因材施教的方法进行个性化、精准化指导，等等。这些都是深度运用智能手机的新兴方式。其中，以智能手机在线辅导教学是在大学，甚至在中小学都可以推广的新教学方式。

当前，以智能手机在线辅导教学的简易路径是，通过 Wi-Fi 覆盖，设定条件和学习目标，让学生的手机可以免费上网，让相关教学内容与手机互联互通，在课堂中通过手机互动，创新课堂教学方式。让大家就相关内容展开讨论，形成开放性、研讨性的课堂。将学生对手机的注意力和课堂专注力有机结合起来，提升课堂的学习氛围和趣味，让学生在积极参与中接受所学习的知识。当然，这在大学校园里更值得尝试和展开。

人们并非总能清楚地认识到对于掌上电脑运用的正向性开发前景，也并非总清楚对智能手机的依赖是在何时演变成成瘾症或其他问题的。研究人员正在尝试找出智能手机还能填补人们的哪些需求，并找到创造性利用智能手机的方法，以更好地满足人们学习和工作的需求，并将其与集体疗法、写日记和漫步于大自然等替代性需求结合起来，实现人与手机的良性互动。

第四节 节制与自律:低头族的德性生存

你知道吗?

2014年12月的一天,在华中科技大学的新闻与信息传播学院“广告创意策划”课堂上,“弹幕”的出现让同学们耳目一新。“弹幕”是指以滑动字幕方式实时出现在屏幕上的评论,而利用微信和局域网连接发送就成了“微弹幕”。学生一边上课,一边用微信发送文字,在教室前面的大屏幕上讨论问题。“微弹幕”的出现,使一些大学的课堂上学生低头族难以治理的状况得到改善。课堂上的低头族纷纷抬起头,将注意力集中到教室电子屏幕上的教学内容上。

一、注重自律:做一个好网民

智能手机等移动媒体与电影、电视以及互联网的出现一样,都是一种新技术变革,都会对人的生活、工作方式以及思维、行为结构带来改变。我们需要努力顺应这种强力的技术变革和社会变革,因势利导,让它们为生活带来更多的美好,而不是使生活变得更糟。

自律是防范走进低头族陷阱的基本前提,让智能手机回归“工具”属性的切入点,就是要有效运用它们,而不是让它们剥夺自己的理智、情感和生存能力。这需要个人的主观努力,也需要家庭、学校、社区和社会的有效支持。

（一）注重规范,调适智能手机的使用行为

从国家和社会层面讲,应该通过相关法律法规的制定实行分级使用制度,规范人们尤其是青少年的手机使用行为。对于青少年学生的手机依赖问题,世界各国高度重视,采取了不同的应对办法。各国的共同特点是双管齐下:一是对青少年加强关于手机利弊的教育以及对手机沉迷危害的警示;二是严格限制青少年的手机使用,对陷入手机沉迷和网络成瘾的人进行各种矫正治理。在美国,帮助戒除手机上瘾已经成为一些戒毒所的新业务。

对于手机的使用,倡导良好的道德规范是可行之道,也是必行之道。一方面,要规范手机的使用礼仪,比如说使用手机不能破坏正常的公共生活秩序,不能危害正常的人际交往;同时,在手机互联空间中要坚持基本的道德规范,不能在网络上放纵自己的行为,不能对社会和他人造成伤害。当下,一些人把互联空间当作无主之地,或是可以放纵和任意妄为的场所,认为手机和互联空间就是可以宣泄一切、畅意而为的地方。一些人并不认为“在网络上说谎是不道德的”,甚至认为“在网络上做什么都可以”。这使得他们对自我行为的约束力大为减弱,在网上的不良行为逐渐增多,这些都是有害的。一个文明的社会,必须非常注重人们的道德行为。一个文明的网络空间,必须依靠良好的道德行为。加强手机使用礼仪教育,加强网络伦理教育,强化个人自由与社会责任的平衡,维护网络空间的公序良俗,是当前道德建设的重要课题。对青少年来说,这一问题更加重要。在各个社区、学校和网络圈子中,大力倡导网络道德修养,通过自律、公约的方式,规范和调适人们的手机使用行为,是当务之急,也是长久之计。

(二)注意适度培养良好的手机使用习惯

长期迷恋和使用手机,实际上是陷入了一种“瘾性机制”。刷微博、发微信、看视频、打游戏上瘾也会让人不想从网络世界中离开。看到有未读消息的红点就一定要戳开,说了“晚安”却迟迟不能下线,人们的自由选择权已经被“瘾性机制”剥夺了。

手机本身是一个工具,没有好坏、善恶和对错之分,问题的关键在于我们怎样使用手机。我们无法拒绝手机,但是可以改变过分依赖手机的坏习惯。

克服手机的瘾性机制,除靠相关机构协助外,主要靠个人的自制力。这需要我们从中国的传统智慧中寻求帮助。适度的“中庸之道”是矫治手机依赖症的良方。关键是要落实到每日每时的手机使用行为中。坚持“勿以善小而不为”,坚持“苟日新,日日新”,一天一天地改变过度依赖手机的习惯,是低头族完成自我救赎的基本修为。

(三)注重慎独,做一个移动时代的好网民

做一个“中国好网民”,是中国手机用户手机使用行为的基

本要求。首先要理性上网。一个理性的人首先要对自身和外界事物有理智的认知,对行为的后果有比较清醒的预测,对自己的行为负责任。理性生存意味着考虑问题、处理事情不盲目冲动,而是会通过合理推导,去粗取精、去伪存真,从理智上控制自己的言行举止。在手机上进行网络社交的时候,一定要保持理智,保持对社会和他人的尊重,在不妨碍别人的自由和权益以及社会公共利益的基础上,行使个人的自由和权利。

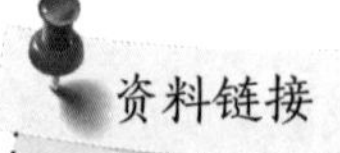
资料链接

30岁的小刘说自己算是半个低头族,可尽管如此,她还是屏蔽了曾经的一个高中同学。“原本和她的关系还不错,可她在微信朋友圈里实在太活跃,每天打开朋友圈,她的那些垃圾微信总是一条一条地频繁出现。”“一连十几条微信都是她发的,心灵鸡汤、自拍照,还有推销衣服和鞋包的广告,整个一堆垃圾信息,一怒之下我就直接拉黑了她,不让她看我的朋友圈,我也不看她的朋友圈。”

其次需要理性品质。理智与情感是一对矛盾体,需要人们去有效协调。网络上的情绪化行为需要节制。在网络上维护自尊和尊重他人是硬币的两面,因此,冷静、深沉、包容以及对人与自然的敬畏是人们最重要的理性品质。在网络空间中,保持清醒和自我反思能力极为重要;同时,要遵循人类社会的发展规律,全面辩证地看问题,诚实公正地处理问题。通过换位思考处理网络空间中的交往关系是一种必需的品质。同时,在网络空间无数的信息和知识面前,要防范自身的沉迷和迷失,要有理性辨识能力,要有使网络为我所用,为生命造福的执念和能力。学会辨识网络信息真伪、美丑和善恶。如果只会微观化、情绪化地采信或转发,就会伤害他人,伤害社会,最终会伤害自我。

最后要守住底线。做人处世要有一个基本底线。底线思维是一种重要的思维方式,也是现代人理性生活的基本保障。网民上网,同样要有底线意识,比如法律底线、社会主义制度底线、国家利益底线、公民合法权益底线、社会公共秩序底线、信息真实性底线。守好这些底线就是信守了社会责任,信守了社会人的基本品质,信守了让这个世界不要因为我而变得更坏的做人本分。在网络空间中,信守这些底线,就是在给网络"保健康""造净土"。

上网有底线的首要表现就是言论有界限。言论自由是有一定界限的,如不能有反人类、反社会的言行。网络是一个公共空间,不是肆无忌惮言说的地方,更不能成为网民发泄负面情绪、散布谣言、违背公德、制造对立、扰乱秩序、影响稳定的"无主之地"。

二、注重省思:提高媒介素养

手机是一种媒介,对媒介的能动性运用,首先需要把握其特性,了解其基本规律,提升其使用能力。这一切都迫切呼唤媒介素养教育。加强媒介素养教育,让人们做媒介及信息的主宰,积极、主动、文明、健康地使用互联网和移动互联网,是提升公民素质的基本工程,也是矫正低头族行为的切入口。

(一)移动时代媒介素养缺失的表现

手机等移动互联媒体使社会媒介化程度进一步加深。相较于社会媒介化的高速发展和对生活的全面覆盖,媒介素养教育成为越来越紧要的问题。当前,我国的媒介素养教育还处在起步阶段,存在许多空白和误区,导致青少年网络媒介素养缺失,主要表现为:

第一,缺乏对虚假有害信息的免疫力。网上有很多虚假、有害,甚至是诈骗信息,不少青少年对此缺乏辨识力,对各类网络谣言不加核实,不辨真伪,一味情绪化地跟风;对一些子虚乌有的信息不加验证,妄加评论,跟风转发,导致谬种流传,贻害甚广。

第二,过分猎奇,对各类虚无离奇事件缺乏评判力,缺乏科学常识。把恶搞、文学想象当作真实事件,使生活虚幻化、真实魔幻化;用猎奇、迷信的东西填充头脑,甚至出现年轻女孩拿毫毛到大学实验室做DNA检测,称自己是孙大圣后代的怪象。

第三,无厘头恶搞,炮轰正当的价值观,人生观扭曲。在网上,虚无主义非常猖獗,盲目性的恶搞、无厘头文化盛行,价值观错误;逢正必反,给先进的事物抹黑,对正确的价值观开喷,丑化邱少云、雷锋等传统典型人物,称赞、拔高一些生活中的丑类和反动人物,对生活中的美丑、善恶缺乏辨识力,以恶为美,以丑为美,价值观混乱。

第四,庸俗化盛行,偷窥性的恶俗审美走红。对正态的生活选择性盲视,对以血腥、性等为特点的恶俗变态事件进行极端化炒作;出卖隐私或者“扒”别人的隐私,引发网络围观;追求煽情性、无底线的轰动效应,过度使用娱乐功能;在网上不负责任地发表言论,反文明、去文化的现象盛行。

第五,缺乏利用网络学习的能力,极度依赖图像文化,想象力和思考力退化。把多维的手机互联功能窄化为娱乐游戏一维,对深度的理性行为嗤之以鼻,对碎片化、刻板化、偏激化的东西缺乏鉴别力,思考问题简单化、幼稚化。缺乏全面、客观、公正、平等地看待社会和他人的辩证眼光,对网络上的戾气、污浊缺乏辨识力和抵抗力。

(二)媒介素养教育的努力方向

网络成瘾和手机沉迷已经剥夺了很多人的美好生活,让无数青少年荒废了学业和青春;网络诈骗危害了很多人的生命财产安全;网络上大量的不良信息也使许多人陷入了迷途。提升对网络的主体自控能力,加强全民媒介素养教育,是当前紧迫而重要的问题。

媒介素养指人们面对媒介中各种信息时的选择能力、理解能力、质疑能力、评估能力、创造和生产能力,包括输入和输出两方面。通俗地讲,就是有科学运用媒介的技术优势以及规避媒介的弊端和陷阱的认知思维与能力。其最基本层面就是具有对各种

有很多信息是垃圾

信息的获取、分析、判断、理解、评价和传输的能力,其中批判性选择能力至关重要。媒介中的信息就像我们日常生活中的食品材料,需要我们有能力去选择有利于健康的营养要素,剔除对身体有害的要素,正确地、建设性地享用大众传播资源,利用媒介资源完善自我,参与社会进步。

手机只是个工具,既要认识到它的积极效能,充分发挥其正面效应,也要认识到它的负面效应,从对我有用有益的基点出发,主动筛选信息、创造信息。正确辨识、使用手机及传递信息,并借助这些信息更好地发展自身,这是媒介素养教育的主要内容。媒介素养教育是一项持续的、与时俱进的工作,首先要在学校和青少年中展开,且重中之重是手机等新媒体素养教育。很多专家学者认为有必要把媒介素养课程纳入国民教育的各个阶段。

不仅要教学生如何正确使用手机、正确取舍信息,还要针对成年人,尤其是老年人,加强宣传教育,协助和引导他们走出"新媒介盲"的误区。当前媒介素养教育的急迫问题是防止人们患上"手机依赖症",回归真实生活,这是提升数字时代生活质量的基本保障。

三、注重节制:人机友善互动

节制是一种美德,也是健康生活的标志,人与手机的有效互动,首先需要的是节制的决心和能力。牢记只有在必要时才使用手机,使用手机必须以提高自身的生存质量,提升幸福感为前提,而不是被手机折磨得痛苦不堪,被手机控制得焦虑不安。一个人的空闲时间有限,玩手机、做工作、抓学习和陪伴家人,要取得平衡。如果你不愿被外界打扰,那就放下手机,等忙完工作,有空闲了再去理会手机。利用空闲时间看手机,关键是看的内容在你整个知识体系中占多大比例。知识和信息是现代人全面发展和提升自己的必备营养,运用手机要注重对这一强大功能的开发。但在全媒体时代,公开发布信息的门槛降低了,信息排山倒海般地涌入手机。在这样一个信息爆炸的时代,首先要学会辨别信息的真伪,提升自己信息利用的质量,提高生活的能见度。其次是区分哪些信息对自己有价值,提升自己信息吸收和利用的效能,在其中享受自己应得的福利。

生活需要我们抬起头来做人,而不是只低头盯着一处肮脏之地。亚里士多德说:“优秀是一种习惯。”因此,在运用手机时,一定要培养节制的优良习惯。在网络中遨游的时候,在线上线下,在平时的一点一滴中坚持自己的操守,管好自己,养成良好的手机使用习惯,做一个文明的手机使用者、聪明的移动互联冲浪者、有自制力的网民,即使在无人监督的情形下也能做到“慎独”“吾日三省吾身”。

在人工智能时代,做一个有德性的网民和公民,需要有良好的制度环境。移动互联网环境的治理,德治和法治的结合是其根本途径。文明先进的智能互联环境,不仅要有理性的自觉,也要有德性的维护。德性就是在意向、情感等方面展现为善的定势,蕴含了理性辨析的能力及道德认识的内容。人的德性就在于人的理性功能的“适度”展现,强调只有通过理性指引的实践活动,才能使人获得幸福。

从狭义上讲,德性与道德品格有较为切近的联系,一般被理解为道德意义上的品格。新媒体环境中的道德教育是培养德性的一个重要途径。

德性是公民思想道德修养水平的重要标识,也是公民社会成熟的条件和标志。移动网络时代的德性,更多地依赖于个人道德修养的提升。以人为本、贵和尚中、刚健有为、自尊自重、道法自然、厚德载物,是中华民族的优秀文化美德,而真善美是人类永恒的追求。德性就是以此为目标的为正确生活的艺术。

移动互联网络空间是当代人生活的第二家园。很多人将娱乐和工作、感情和生活寄托于这小小的屏幕之上。维护良知,友善地进行互联互通,是使人们在这个家园诗意栖居,构建幸福生活的基础。

亚里士多德认为,德性是参照两种恶德的中道:一个是过,另一个是不及。德性的培养涉及行善的意向、知善的能力、向善的情感等等。智能时代的德性维护,最基础的一点是对网络暴力保持警惕。“人肉搜索”的泛滥,网络暴力、网络审判、网络诋毁和网络犯罪形成了网络的互害机制。个人信息被泄露,人的隐私被侵犯,人的尊严被践踏,甚至还有人恶意捏造事实,影响受害者及其家人的生活。网络暴力与现实暴力相比,恶劣程度有过之而无不及。网络虽然空间是虚拟的,但网络伤害却是真实的,在网络上公开羞辱别人导致当事人自杀的悲剧屡有出现。因此在使用手机和互联网时,要有换位思维,要节制,保持理性,要消除戾气。

对于移动互联网带来的一些严峻的社会问题,我们可以从以下方面着手。

1. 理智运用微信、微博等自媒体。通过手机,人人都可以成为即时发布信息的媒体,信息遂呈开放式、自审式特点。只是,一旦人们放松自我或缺乏自审能力,就会使恶德聚集放大,产生"劣币驱逐良币"效应,网络空间会变成一切人同一切人争斗的战场。缺乏自审和自我约束,一些人在虚拟空间中会误入违法犯罪的泥潭。我们要合情合理地传达情绪与思想,报以解决问题的建设性态度,而不是激情骂战之后,拍拍屁股走人,只图一时发泄之快。

2. 要清醒地对网络冷漠症说不。人们坐在一起,心却在他处的网络冷漠症,是低头族最大的危害,也是当代社会最让人难以忍受的伤痛。网上众声喧哗,线下一片沉默;醉心于网络世界的互动,却忽视了现实世界中的情感交流。互联网的发明者怎么也没有想到,原本旨在缩短时空界限、方便人们交流沟通的初衷,如今已"南辕北辙"—— 互联网技术越发达,人们面对面的深度交流、沟通越少,互联网技术在促进人们交流沟通上形成了一个无法回避的悖论。

3. 要理智地防范网络表达中的情绪化误区。移动网络等新兴媒体的兴起以及信息流动的加速带来了信息碎片化、表达情绪化等问题。众声喧哗的表达若不经过理性沉淀,很可能变成人云亦云,三人成虎。情绪化的狂魔在网络空间中肆意游荡,让人容易对网络狂暴熟视无睹,让各类偏激、负面的情绪无止境地被宣泄。一个理性的人在网络上会变成情绪化的乌合之众。如果对网络的情绪化传播不加节制,每个人都会成为施害者,每个人也都会成为受害者。丢掉了言论责任,每个网友在这个公共话语平台上都可能反受其害。

总之,以建设性的态度,以对自己、对他人和对社会负责的态度,参与网络活动,进行人机互动,是低头族最基本的德性。坚持以人为本,与人为善,是对低头族的基本要求。

虚拟空间带来很多与人类德行相悖的问题,比如舞台效应。人们在网络社交中往往存在这样的倾向:彰显正面的部分,隐藏自身负面的东西,正如一个人在和朋友约会时会打扮得整齐漂亮,展现自己美丽的一面一样。微信、QQ 交往本质上也是一种社交行为,是一种不那么真实的模拟真实。在虚拟真实环境中,注重节制是提升人的品行和礼仪的重要途径,否则就会变成现代社会中的“两面人”。因此,在虚拟空间中,要注重中庸和适度。不仅要认知别人的虚拟夸张性的网络形象建构,警惕伪装性、欺骗性的虚拟形象,而且要注重自律,在建构自我网络形象时,不要过度夸饰，导致低俗，注重遵守网络空间礼仪，在仿真空间中维护良好的道德品行。

又比如人们在网络空间中，脱离了现实生活中熟人性、组织

资料链接

一个低头族的自述

我是一名媒体从业者，也是一名低头族，用手机最经常做的四件事是玩微信、看微博、打电话和玩游戏。看微博和微信并列第一，每天早上醒来和临睡前都要看。

我现在已经养成了一个坏习惯，坐在马桶上，一定要拿 iPad 或者手机。我老婆也是这样，一待就是 20 分钟。

刷微信变成了一种习惯性动作，在公交车、出租车上，在吃饭的时候，一感到无聊、孤单，有点空闲，就要刷，显得“很忙”。

这样的状态持续了有一两个月，最后发展到如果半天不看微博或微信，就会感觉与世隔绝，好像被世界抛弃，有一种莫名的焦虑感。

后来我“醒”了。一个周末，我在客厅的沙发上，低头用手机看微博，走到卧室，拿起 iPad mini，下意识地又打开微博。当时我突然间有一种“低能儿”的感觉，明明几秒前我刚看过微博，为什么换了个地方，还在看微博呢？

我反思，我每天很“勤快”地看手机，实际上对我有点用处的信息可能也就只有一两条，甚至没有。即使没有这些信息，我也没什么损失。我为我之前的恐惧感到可笑。

性、机构性和法律、道德以及习俗性的约束,导致与现实生活的言行节制不同,更注重表达真实、散漫的自我。网络空间中的展台性表达,是虚拟空间本我性展现的温床,如果不注意节制,就会出现与真实的自我不一样的悖谬,让生物性的本我过度放纵,导致恶性循环式的仇视、谩骂和攻击,这在网络空间中极具危害。这就需要把握自我表达与社会责任的关系,辨识和分析网络表达的真伪,划清文明性和恶俗性之间的界限,做一个文明网络社交的参与者,做智能时代负责任的公民。

手机已经深深地进入每个人的生活,这是时代的趋势,但是作为智慧的人,要注意节制的美德,重新给手机定位,强调它的"工具性",而不是"拟人性"。我们不妨听从专家的建议:只有你是手机理性的主人,手机才会是你的好伙伴。当下,低头族最必须做也最容易做到的,就是把手机放到一边,通过做一些其他的事情转移自己的注意力,等我们慢慢戒除对手机的过分依赖,它自然就会回归"人类工具"的角色。在运用手机时,注意提醒自己,停一停,歇一歇,抬抬头,提高自制力,做手机的主人,与家人和朋友多进行一些面对面的交流,亲近和接触一下大自然,在人情美景的交感中享受生活的美好和多彩。

讨论问题

1. 如果你的同伴在马路上玩手机,你会劝告他吗?你会怎么说?

2. 手机诈骗信息有哪些特点?你会相信陌生人的信息吗?

3. 手机的功能越来越多,拥有手机的中学生也越来越多,学校在管理学生使用手机时经常发生矛盾。一禁了之难度极大,解决不了问题,放任不管又后患无穷。怎么办?学校决定举行听证会,就"让学生管理和利用好手机学校可以做什么?"这个问题征求各方的意见和建议。

(1)假如你参加该次听证会,你会有怎样的建议?请列出2—3条。

(2)如果你是家长,你会提出什么要求?列出2—3条。

4. 做一个中国好网民,我们该做些什么?

5. 就如何"拒为低头族"提1—2点建议。

— 学习活动设计 —

活动一　技术只是工具,关键在于人们怎么去使用。请就智能手机的好处和问题各列出3—5个方面的清单,再分成小组,就所列的好处和问题展开讨论。谈谈我们在生活中该如何使用手机,在什么时候不能使用手机,在使用手机时该注意些什么,如何避免成为低头族。

活动二　请分别就青少年低头族的害处和家长是低头族的烦恼列出3—5个方面的清单。再分成小组讨论,并自由选择写一封信或倡议书:1.从青少年角度,写一篇劝说家长不要做低头族的书信;2.从家长的角度写一篇劝说孩子不要成为低头族的书信;3.从中小学生的角度写一篇劝说大家不要成为低头族的倡议书。4.从教师的角度写一篇劝说学生不要成为低头族的书信。

活动三　当前,万众低头看手机已经是遍及城乡的一种情景。请你在地铁、公交上或家庭休闲时关闭手机1小时,观察身边有多少人在看手机,什么人在看手机,他们看手机的特点、看手机的状态等等,并写1篇观察日记;或者通过记忆、观察和访问的方式,记录你身边的低头族主要在干什么(发微博、发微信、玩游戏、看视频、看新闻还是线上购物等),然后分成小组,就低头族的现状展开讨论，谈谈如何避免对手机的过度沉迷，低头族如何防范手机对自身安全、健康的危害，如何防范手机或网络诈骗，如何使手机有益于自己的生活和学习。

参考文献

1. [加] 马歇尔 · 麦克卢汉 . 理解媒介:论人的延伸 [M]. 何道宽,译 . 北京:商务印书馆,2000.

2. 孙抱弘 . 现代社会与青年伦理 [M]. 上海:学林出版社,2003.

3. [美] 保罗 · 莱文森 . 手机:挡不住的呼唤 [M]. 何道宽,译 . 北京:中国人民大学出版社,2004.

4. [美] 霍华德 · 奥兹门 . 教育的哲学基础 [M]. 7 版 . 石中英,等译 . 北京:中国轻工业出版社,2006.

5. [美] 托马斯 · 弗里德曼 . 世界是平的: 21 世纪简史 [M]. 何帆,等译 . 长沙:湖南科学技术出版社,2008.

6. [美] 克莱 · 舍基 . 人人时代:无组织的组织力量 [M]. 胡泳,沈满琳,译 . 北京:中国人民大学出版社,2012.

7. [美] 简 · 麦戈尼格尔 . 游戏改变世界:游戏化如何让现实变得更美好 [M]. 闾佳,译 . 杭州:浙江人民出版社,2012.

8. [美] 迈克尔 · 塞勒 . 移动浪潮:移动智能如何改变世界 [M]. 邹韬,译 . 北京:中信出版社,2013.

9. [英] 维克托 · 迈尔 – 舍恩伯格, [英] 肯尼斯 · 库克耶．大数据时代：生活、工作与思维的大变革 [M]. 周涛，等译．杭州：浙江人民出版社，2013.

10. [英] 安东尼・吉登斯，[英] 菲利普・萨顿．社会学 [M]. 7 版．赵旭东，等译．北京：北京大学出版社，2015.

11. 茆意宏．移动互联网用户阅读行为研究 [M]. 北京：中国社会科学出版社，2016.

12. 唐绪军．中国新媒体发展报告 [R]. 北京：社会科学文献出版社，2016.

13. 彭兰．新媒体导论 [M]. 北京：高等教育出版社，2016.

后　记

感谢导师罗以澄先生和宁波出版社袁志坚总编辑的厚爱和支持，让我参与“青少年网络素养读本”的编写工作。重新回归青少年与新媒介研究领域，关注青少年新媒体使用问题，一种带有社会责任和新知探索的学术快慰，贯穿了本书的写作过程。作为新媒体移民，作为网络原住民父母辈的人，写作本书的过程也是与当代青少年对话和学习的过程，是对新媒体思维补课的过程。

地球村时代，最具有挑战性和发展性前景的媒体，就是智能移动媒体，当前是智能手机和 iPad，以后会是以随身性、便携性为特性的新媒体。一个小小的移动屏，撬起了整个世界，带来了大众传媒和通信工具诞生以来最具颠覆性的改变。一机在手，玩转地球，是地球村中智能移动互联生活的形象说明。智能手机和与其相关的新技术革命成果，已经深深嵌入我们每个人的生活。它们带来的是学习、生活、交往、工作、思维方式和社会结构的巨变。毋庸置疑，智能手机给人类生活带来的是无限美好的前景。但是，新技术永远是双刃剑，其负面作用也不容忽视，过度沉迷导致技术对人类生活的囚禁,导致青少年和家长们的烦恼,已经成为严峻的社会挑战,低头族就是其中比较突出的问题之一。对青少年来说,清醒认知和有效防范低头的危害,已经成为当前的紧要课题。

在地球村中,以移动互联网设备为伴侣的当代人,需要有与智能手机和谐共生的智慧和德性。平安、健康、幸福、快乐、有为地生活,是人类生活的母题,也是人类生活的起点和基点,在虚拟空间中也是如此。因此,以我国传统人文智慧的“中庸”和德性修身之道为镜鉴,把控手机使用的时、度、效,是低头族们回归生活主体性,成为手机的主人,不沦为手机奴隶的基本路径。

本书的写作,参阅了大量相关的著作、论文、新闻报道和网络资料,除参考文献以外,难以全部列举,在这里向相关作者致以诚挚的感谢。尤其是一些低头族们鲜活的经验性记述,给人会心一笑的快乐和对手机又爱又恨的认同感,也成为本书接地气的资料构成。在写作本书的过程中,我还形成了一种令自己忍俊不禁的习惯,就是喜欢跟踪和窥探无所不在的低头族们。同时,与青少年就手机使用进行不间断调查和交谈,更是使人感到青春的美好、新技术的神妙,给本书的写作带来很好的启示。

参与本书资料搜集的有郑州大学西亚斯国际学院崔颖,郑州升达经贸管理学院莫湘文、林娅楠,信阳职业技术学院彭静,郑州大学新闻与传播学院黄艳梅,河南财政金融学院王翼伟,济源日报社赵莉,商丘师范学院窦小忱等,以及郑州大学新闻与传播学院研究生詹志苇、范丹莹、孙欢欢、赵刘尊、周萍、任慧、齐曼丹、尚晓琰、弓雪娇、方怡菲、高宇杰、陶梦筱、陈超臣、卫宇瑶等。感谢各位的智慧和经验,及提供给本书的写作参考。

写作后记是一个作者最轻松的时刻,也是惴惴不安的时刻。书中的诸多不足,敬请行家和青少年读者批评指正。

詹绪武

2017 年 9 月于郑州大学新闻与传播学院

图书在版编目（CIP）数据

地球村与低头族 / 詹绪武著 .— 宁波 : 宁波出版社，2018.2

（青少年网络素养读本 . 第 1 辑）

ISBN 978-7-5526-3092-3

Ⅰ . ①地 … Ⅱ . ①詹 … Ⅲ . ①计算机网络—素质教育—青少年读物 Ⅳ . ① TP393-49

中国版本图书馆 CIP 数据核字（2017）第 264151 号

丛书策划 袁志坚　　**封面设计** 连鸿宾

责任编辑 张利萍　陈　静　　**插　　图** 菜根谭设计

责任校对 叶呈圆　李　强　　**封面绘画** 陈　燏

责任印制 陈　钰

青少年网络素养读本 . 第 1 辑

地球村与低头族

詹绪武　著

出版发行 宁波出版社

地　址　宁波市甬江大道 1 号宁波书城 8 号楼 6 楼　315040

电　话　0574-87279895

网　址　http://www.nbcbs.com

印　　刷 宁波白云印刷有限公司

开　　本 880 毫米 ×1230 毫米　1/32

印　　张 6　　**插页** 2

字　　数 130 千

版　　次 2018 年 2 月第 1 版

印　　次 2018 年 2 月第 1 次印刷

印　　数 1—10000 册

标准书号 ISBN 978-7-5526-3092-3

定　　价 25.00 元